广西农村饮水安全建设与管理（培训教材）

主　编　刘俊红　彭燕莉　伍敏莉　石刘宏幸
主　审　甘　幸　韦恩斌　刘韵华　何宏华　陆克芬

U0294061

中国水利水电出版社
www.waterpub.com.cn
·北京·

内 容 提 要

本书主要介绍广西农村饮水安全建设与管理的相关内容，包括：广西农村饮水安全工程基本情况、农村给水系统、农村生活饮用水水质标准、水源与取水工程、供水管网系统基本知识、净水处理构筑物基本知识、水泵泵房及调节构筑物、农村供水工程运行管理等内容。

同时结合实际案例介绍广西农村供水工程运行管理情况，给出广西农村供水工程运行管理要求及模式。

本书将基本理论与工程应用紧密结合起来，突出实用性，注重企业、事业单位职员岗位需求的培养，可作为高职高专学生及教师用书。

图书在版编目（CIP）数据

广西农村饮水安全建设与管理 / 刘俊红等主编. --
北京：中国水利水电出版社，2019.12
培训教材
ISBN 978-7-5170-8318-4

Ⅰ．①广… Ⅱ．①刘… Ⅲ．①农村给水－饮用水－给
水卫生－卫生管理－广西－职业培训－教材 Ⅳ.
①R123.9

中国版本图书馆CIP数据核字（2019）第296065号

书　　名	**广西农村饮水安全建设与管理（培训教材）** GUANGXI NONGCUN YINSHUI ANQUAN JIANSHE YU GUANLI（PEIXUN JIAOCAI）
作　　者	主编　刘俊红　彭燕莉　伍敏莉　石刘宏幸 主审　甘　幸　韦恩斌　刘韵华　何宏华　陆克芬
出版发行	中国水利水电出版社 （北京市海淀区玉渊潭南路1号D座　100038） 网址：www.waterpub.com.cn E - mail：sales@waterpub.com.cn 电话：（010）68367658（营销中心）
经　　售	北京科水图书销售中心（零售） 电话：（010）88383994、63202643、68545874 全国各地新华书店和相关出版物销售网点
排　　版	中国水利水电出版社微机排版中心
印　　刷	北京印匠彩色印刷有限公司
规　　格	184mm×260mm　16开本　8.5印张　207千字
版　　次	2019年12月第1版　2019年12月第1次印刷
印　　数	0001—2000册
定　　价	**35.00元**

前　言

本书主要根据新修订的《村镇供水工程设计规范》（SL 687—2014）、《村镇供水工程运行管理规程》（SL 689—2013）、《饮用水水源保护区划分技术规范》（HJ/T 338—2007）、《饮用水水源保护区标志技术要求》（HJ/T 433—2008）、《水环境监测规范》（SL 219—2013）等国家现行技术标准和规范，以广西工程实例为项目导入，以加强实践性和实用性为目标，将农村饮水工程的基本知识、建设管理要求，结合近几年有关给水工程的新方法、新技术、新材料、新设备作了阐述和介绍。

党的十八大、十九大报告中提出"高标准农饮安全工程"及"乡村振兴战略"等重要战略思想，明确了水利发展新形势下治水兴水的指导思想和政策举措。在新形势发展下，水利、水务等行业需要大量的高素质、多层次的供水管理人才，而传统教材不能满足，为适应城镇供水行业、企业人员的业务能力提升、缩短高等职业教育院校人才培养与行业、企业人才需求的差异，从而编写此培训教材。较传统教材增加了农村供水工程运行管理及工程建设管理案例模块，突出广西地域特色、职业培训特色，从职工岗位需求出发，注重理论联系实际，注重培养职工、在校专业学生独立思考分析问题、解决问题的能力。

本书可作为水利、水务系统相关专业岗位培训教材，也可作为从事农村人饮工程设计、施工现场管理的技术人员的参考用书与自学用书，同时也可作为高职高专学生及教师用书。

本书由广西水利电力职业技术学院刘俊红、彭燕莉、伍敏莉、石刘宏幸任主编。

其中刘俊红负责编写第1、第4章内容并进行统稿；彭燕莉负责第2章中2.3、2.4、2.5及第3章中3.2、3.3内容的编写；伍敏莉负责第2章中2.1、2.2及第3章中3.1内容的编写；石刘宏幸负责第2章2.6及第3章3.4内容的编写；广西水利厅的黄旭升、韦春梅与广西水利电力职业技术学院的丁皓庆、魏保兴参与编写。全书由广西水利厅甘幸、韦恩斌、刘韵华和广西水利电力职业技术学院何宏华、陆克芬共同担任主审。

鉴于编者水平，书中难免存在错漏之处，敬请广大读者批评指正。

编者

2019 年 10 月

目 录

第1章 广西农村饮水安全工程基本情况

1.1 广西农村供水水源

1.1.1 广西农村供水水源基本情况

广西农村供水水源以地表水为主，地下水和其他水源为辅。广西属于雨水较丰沛的地区之一，多年平均降雨量为1537mm，多年平均水资源量1893亿 m^3，约占全国水资源总量的7%，居全国第五位；人均水资源量3931m^3，约为全国人均水资源量的1.9倍。总体上，广西水资源相对丰富。但由于存在降水时空分配不均的自然特点和水资源利用率低的制约因素，工程型缺水和水质型缺水并存，枯水年份全区范围大面积干旱经常出现，桂中、桂东、桂南沿海城市、桂西北大石山区旱灾多于涝灾，加上特殊的喀斯特地貌分布面积广，含水能力差，特别是在桂西北多数农村地区季节性缺水现象明显，大石山区尤为突出。广西大石山总面积8.91万 km^2，占全区总面积的37.64%，其中有16个县岩石裸露面积达50%以上。桂中、桂北、桂东属丘陵地区，区域面积1.03万 km^2，平原丘陵地区也存在供水量难以保证的问题。石山与丘陵共存地区占全区总面积的43.51%，居住着广西半数以上的人口，该地区喀斯特地貌和平原丘陵共存，保水性差，地上为石灰岩地层，溶洞、溶孔、裂隙较为发育，降雨大部分通过岩溶裂隙和石灰岩漏斗流走。

1.1.2 广西农村供水水源的类型及现状

1. 供水水源类型

供水水源可分为地下水和地表水两大类。

地下水水源包括浅层地下水、深层地下水、承压水和泉水。地下水具有水质清澈、无色无味、水温恒定、不易受到污染等特点，但它的径流量小，矿化度和硬度（即含钙、镁离子浓度）较高。

地表水主要指江河、湖泊、水库的水。由于受流域内的自然环境影响较大，水质往往有很大的差异。如地表水的浑浊度与水温一年四季变化幅度都较大，水质易受到污染，但是，水的矿化度、硬度较低，铁及其他物质含量较小，径流量较大，随季节变化性较明显。

2. 广西农村饮用水水质存在的问题

（1）重金属污染。广西农村饮用水安全调查评估结果表明，广西农村饮用水存在重金属污染，除地质构造本身引起的铁、锰金属超标外，工业污染尤其是有色金属污染是造成铅、镉、砷等重金属超标的重要原因。

（2）氟含量超标。饮用水中氟含量超标可引起氟中毒，水中氟含量高于1mg/L时可引起氟牙病，高于2mg/L可引起中度以上氟骨症。目前，广西地方性氟中毒病区依然存在，主要分布在岑溪市、贺州八步区、钟山县、资源县、恭城县、灌阳县、全州县、钦州钦南区、灵山县、浦北县、博白县、隆安县 12 个县（市）。

以广西某县为例说明氟中毒的危害：2012 年 8 月 6—10 日，按照自治区疾控部门要求，该县疾病预防控制中心对所属村镇生活饮用水进行卫生监测，发现该县某镇一个村屯供水工程的水样中氟化物含量为 2.71～4.00mg/L，超过了标准限值 1mg/L。检查当地 25 名 8～12 岁儿童，氟斑牙患病率为 100%，其中中度的氟牙病占 36%。该供水工程水源水为地下水，饮用该水源水的村屯均为饮水型地方性氟中毒病区，病区程度划分为中度。

（3）污水、废水无序排放。工业废水和生活污水的无序排放是农村地区饮水污染的重要原因。随着城市化进程的加快和工农业的迅猛发展，大量未经处理的工业、生活污水排入水体中，加上农药、化肥的无序使用以及农村养殖业的发展，加重了水体的污染，导致水体污染物的种类和数量越来越多，已经成为影响饮用水水质的重要因素。

3. 广西饮用水水质不合格的主要类型

广西饮用水水质不合格的主要类型有细菌超标、沿海的苦咸水以及氟、砷、铁、锰等含量超标。其中细菌超标的水质占 90% 以上，目前我国肠道传染病 80% 发生在农村，多发点为农村学校。

2008 年 10 月广西河池砷中毒事件中查出体内砷超标人数达 450 人，且 4 人确诊为轻度砷中毒；2018 年广西藤县"3·16"跨省倾倒危险废物污染环境案等。这些都直接体现出有的厂矿企业对环境保护意识不够，有的相关政府部门人员不作为，最终导致重金属污染，悲剧发生。

1.2　广西农村饮水安全工程概况

农村饮水安全工程属于村镇供水的范畴，又称农村人饮工程，是国家发展改革委、水利部自 2005 年开始利用国债资金，在全国范围内开展的一项以解决县（市）城区以下的乡镇、村、学校、农场、林场等居民区及分散住户饮水不安全问题为目的所建设的农村供水工程。

广西村镇供水事业的发展经历了从简易到正规、从粗放到集约的逐步提高过程。

20 世纪 50—60 年代，各地兴起了以提高抗旱防洪除涝能力、改善农业生产条件为目标的农田水利基本建设，结合蓄、引、提等灌溉水源工程建设，解决了一些地方历史上长期存在的农村人畜饮水难问题。

20 世纪 70—80 年代，解决农村饮水困难问题被正式纳入农田水利工作范围，引起了各级政府的重视，采取在小型农田补助经费中划拨安全专项资金和以工代赈等方式解决农村饮水困难。

20 世纪 90 年代，解决农村饮水困难被正式纳入国家扶贫攻坚计划。1997—1999 年，广西投入资金 6.99 亿元，解决 370.9 万人的饮水困难问题。

2000—2005 年，中央和地方政府加大了农村饮水解困工作力度，2000 年，编制了《全国解决农村饮水困难"十五"规划》，该期间，广西共投入资金 4.73 亿元，解决了 129.7 万人的饮水困难问题。

2006年，国务院批准《全国农村饮水安全工程"十一五"规划》，广西纳入该规划的饮水不安全人口为1565.5万人。在中央大力支持下，广西共下发农村饮水安全工程投资56.53亿元，解决了1061.4万人的饮水不安全问题，其中农村居民1011.4万人，农村学校50万人。

2012年3月，国务院常务会议审议通过了《全国农村饮水安全工程"十二五"规划》，广西纳入该规划的农村饮水不安全人口是1779.64万人，其中农村居民1506.90万人、农村学校师生272.74万人。2011—2015年广西已分解下达农村饮水安全项目总投资119.49亿元，全部解决了规划内人口饮水不安全问题。

根据《广西农村饮水安全巩固提升工程"十三五"规划》，"十三五"规划总投资48.7亿元，巩固提升受益总人口561.91万人，其中含建档立卡的贫困人口113.6万人。自治区发展改革委、水利厅根据规划目标任务分解确定年度目标和工作计划，确保年度建设规模符合规划目标和建设标准。2017年7月，自治区发展改革委、水利厅印发了《关于做好"十三五"农村饮水安全巩固提升工作的通知》（桂发改农经〔2017〕860号），要求各地准确把握工作思路和目标，逐级细化分解年度目标和工作计划，将项目审批权限下放到县级，规范并加强项目审批、工程实施、质量监管等项目实施管理。

2016—2018年，自治区水利厅按照中央和自治区的工作部署，围绕脱贫攻坚目标任务，以解决贫困地区、贫困人口饮水问题为重点，兼顾面上农村饮水安全巩固提升，通过采取新建、改造及管网延伸等多种措施，以及开展集中供水工程净水设施改造和消毒设备配套、水源保护建设，对家庭水柜等分散式供水工程增加盖板、配套净化设施等提质增效改造，加快实施农村饮水安全巩固提升工程，进一步改善农村供水基础设施条件，全区共下达农村饮水安全巩固提升工程总投资17.46亿元（其中：中央资金7.17亿元，自治区补助资金10.29亿元）。据统计，截至2018年年底，全区累计完成总投资35.56亿元（含市县级投资），累计完成"十三五"规划受益人口463.36万人，其中解决了106.41万贫困人口的饮水问题。

2018年自治区继续将贫困地区、贫困人口作为实施农村饮水安全巩固提升工作的重点内容，全区共下达农村饮水安全巩固提升工程总投资7.6亿元（其中：中央资金4.0亿元，自治区补助资金3.6亿元），计划巩固提升受益人口124.45万人。截至12月底，全年共完成投资12.26亿元（含市县级投资），巩固提升受益人口166.33万人，占计划的134%，同步解决了28.83万贫困人口的饮水安全问题，圆满完成了年度建设任务。

截至2018年年底，自治区农村集中式供水工程为5.63万处，受益人口3652.87万人，集中供水率达到84.1%，供水到户人口3534.34万人，自来水普及率达到81.4%。分散式供水工程40.97万处，供水人口692.57万人，比例占15.9%；规模化供水工程供水保证率超过95%的比例达到97.5%，小型工程供水保证率超过90%的比例达到90.3%，农村饮水安全保障水平得到进一步提高。

1.2.1　广西农村饮水安全工程现状

1.广西农村饮水和改水情况

自治区党委、自治区人民政府高度重视农村饮用水水源保护工作，将千人以上农村集中式饮用水水源保护区（范围）划定工作作为"美丽广西·生态乡村"饮水净化专项活动重要内容。2015 年开始，全区全面启动农村饮用水源保护工作，2016 年年底，全区 14 个设区市均已完成千人以上农村集中供水工程饮用水水源保护区（范围）的划分工作，共划定了 4430 个农村集中式饮用水水源保护区（范围），其中，千吨万人供水工程 303 处，千人供水工程 4127 处。全区农村饮用水卫生监测网络已覆盖所有市、县（市、区），自 2015 年起，自治区党委组织部、自治区绩效办将农村供水水质合格率纳入对全区各市、县党政领导班子和党政正职政绩"饮水净化率"的绩效考核范围，促进各级党委政府进一步加强对农村饮用水水源的管理和水质检测工作，加快配套完善工程水质净化消毒设施，提高农村集中式供水水质达标率。

全区农村饮水水质检测监测工作进一步加强，截至 2018 年，全区已建成区域水质检测中心 96 个，落实检测人员 254 人，自治区水利厅委托培训机构培训检测人员共 236 人，具备了检测能力，已陆续启动检测工作。2018 年度共落实运行经费 1812 万元，已有 83 个水质检测中心正常开展了水质检测工作。

全区农村供水工程总人口 4345.44 万人，供水能力达 478 万 m^3/d。全区千人以上工程水源水质状况一般由环保部门进行检测，集中供水工程由卫生部门开展抽检，日常检测由水利部门水质检测中心检测或委托有资质的单位进行检测。

其中集中式供水基本情况如下：

全区农村集中供水工程水源类型可分为地表水和地下水，其中以地表水作为供水水源的供水工程 4.01 万处，受益人口 2406.02 万人；以地下水为供水水源的供水工程 1.62 万处，受益人口 1246.85 万人。其中，设计日供水量 1000m^3/d 的工程 327 处，受益人口 707.45 万人；设计日供水量 200～1000m^3/d 的工程 3365 处，受益人口 1110.03 万人；设计日供水量 20～200m^3/d 的工程 30094 处，受益人口 1585.39 万人；设计日供水量 20m^3/d 以下的工程 22473 处，受益人口 250 万人。

其次分散式供水基本情况如下：

据统计，全区分散式供水工程 40.97 万处，供水人口 692.57 万人。其中，利用手压井、浅井、大口井等设施 25.56 万处，供水人口 408.02 万人；引泉工程 10.66 万处，供水人口 227.79 万人；集雨工程 4.75 万处，供水人口 56.76 万人。

广西近年来农村集中式供水工程水质合格率一直偏低，90% 以上不合格指标为微生物，究其原因，主要是因为村屯供水工程群众不愿意消毒，加上广西地处亚热带，气候湿热，细菌繁殖快，造成水质合格率偏低。

2. 农村饮水安全卫生评价指标体系

为做好农村饮水安全评价工作，2004 年 11 月 24 日水利部和卫生部联合下发了《关于印发农村饮用水安全卫生评价指标体系的通知》（水农〔2004〕547 号）。文件明确了农村饮用水安全评价指标体系分安全和基本安全两个档次，由水质、水量、方便程度和保证率四项指标组成。四项指标中只要有一项低于安全或基本安全最低值，就不能定为饮用水安全或基本安全。其中：

（1）水质。符合国家《生活饮用水卫生标准》（GB 5749—2006）要求的为安全；符合《农村实施〈生活饮用水卫生标准〉准则》要求的为基本安全。

（2）水量。每人每天可获得的水量不低于 40～60L 为安全；不低于 20～40L 为基本安全。根据气候特点、地形、水资源条件和生活习惯，将全国分为 5 个类型区，不同地区的具体水量标准可参照表 1.2.1 确定。

表 1.2.1 　　　　　　　　　　不同地区农村生活用水量评价指标　　　　　单位：L/(人·d)

分区	一区	二区	三区	四区	五区
安全	40	45	50	55	60
基本安全	20	25	30	35	40

注　一区包括：新疆，西藏，青海，甘肃，宁夏，内蒙古西北部，陕西、山西黄土高原丘陵沟壑区，四川西部。
　　二区包括：黑龙江，吉林，辽宁，内蒙古西北部以外地区，河北北部。
　　三区包括：北京，天津，山东，河南，河北北部以外地区，陕西关中平原地区，山西黄土高原丘陵沟壑区以外地区，安徽、江苏北部。
　　四区包括：重庆，贵州，云南南部以外地区，四川西部以外地区，广西西北部，湖北、湖南西部山区，陕西南部。
　　五区包括：上海，浙江，福建，江西，广东，海南，安徽、江苏北部以外地区，广西西北部以外地区，湖北、湖南西部山区以外地区，云南南部。
本表不含香港、澳门和台湾。

根据广西气候特点，水量以每人每天可获得 55～60L 为安全，35～40L 为基本安全。

（3）方便程度。供水到户或人力取水往返时间不超过 10min 为安全；人力取水往返时间不超过 20min 为基本安全。

（4）保证率。供水水源保证率不低于 95% 为安全；不低于 90% 为基本安全。

3. 其他要求

广西农村饮水安全工程还应该根据时间顺序分别符合《村镇供水工程技术规范》（SL 310—2004）及《村镇供水工程设计规范》（SL 687—2014）的要求。

1.2.2　广西农村饮水水质不安全主要原因分析

1. 水文地质条件影响

水文地质条件是影响农村饮水水质不可忽略的因素之一。广西岩溶地貌类型较多，裸露岩溶、埋藏岩溶分别占全区总面积的 41% 和 10%，地下溶洞、溶孔、裂隙发育、贯通程度高，土壤覆盖层薄，造成地面水、地下水污染机会增加。广西年均降雨丰富，但分布不均匀，4—9 月降雨约占全年的 70%～85%，河川径流量的地区分布及年内分配差别大，影响水体的自净能力，是影响饮水水质安全的重要因素。

2. 输水管道及储水设备影响

输水管道及储水设备的材料质量与保存管理，均与饮水水质安全有密切关系。一些供水项目为了节约开支，在输水、储水过程中使用劣质设备及材料或因设备及材料保管不当，造成有害化学物质溶出到饮用水中，藻类、真菌等滋生的二次污染增加。

因此，按照《生活饮用水卫生监督管理办法》，集中式供水单位使用的涉及饮用水卫生安全产品，必须符合卫生安全和产品质量标准的有关规定，并持有省级以上人民政府卫生行政部门颁发的卫生许可批件，方可在集中式供水单位使用。

3. 水处理设施影响

供水工程水质处理设施不完善，为工程建成后水质卫生安全留下隐患。直接以地面水作为水源的供水工程，水质易受地表降雨和生活、工业、农业、养殖废水影响；以地下暗河水作为供水水源的供水工程，水量、水质受地表降雨影响大，雨季水质浑浊，含大量的藻类、悬浮物、生活垃圾等，旱季自净能力差。若无净化消毒设施或设施不完善，饮水水质将难以达到国家饮用水卫生标准要求。

4. 供水工程建设与水质监测落后

供水工程建设与水质监测衔接不良，关键环节监督力度不够，是造成水质合格率没有随供水工程的增加而明显升高的原因之一。另外，由于种种原因，部分地方政府未能将农村饮水监测经费纳入财政预算，加上检测人才缺乏，部分供水工程规模小、效益差，水厂不愿交纳水质检测费，导致无法全面开展水质检测及监测工作。往往只是在新建成和发现水质有异常时才进行检验，导致供水工程水质不合格率增加。

5. 饮用水水源地管理薄弱

饮用水水源地管理薄弱，是影响饮水安全的关键环节。水的溶解性强，包括人畜粪便在内的生活"三废"处理不善，粪便无害化处理效果欠佳，工业"三废"、农用化肥和农田渗漏，水中养殖业或不当捕捞方式等管理不当，水源隔离保护距离不足等，是水源污染尤其是有机物污染的主要原因。

6. 供水工程建成后管理机制不完善

供水工程建成后长效经营管理机制不完善，是影响水质安全的重要因素。绝大部分饮用水没有定期消毒制度，有的缺乏专人管理，水池中不时出现树叶等杂物和苍蝇、蚊子、幼虫等，导致二次污染严重，水质变差。

1.2.3　提高广西农村供水水质安全的措施

1. 做好总体规划

做好总体规划，加强水资源保护和有序开发，是解决广西部分农村饮水水质不安全的前提。结合地理环境条件，按照"先急后缓，先重后轻，突出重点，分期实施"原则，对地质环境形成的苦咸水、高氟水等地区有序实施改水、引水和现有管网延伸等，是提高这些地区饮水水质合格率的有效途径。

2. 加强环节控制

加强环节控制，完善饮用水安全工程建设项目质量保证体系。供水工程在选址、设计、竣工验收时，应该有当地疾病预防控制部门参与，按有关规定对供水工程及环境做好卫生学评价和水质监测，对有卫生隐患或问题的工程，工程建设单位必须根据卫生学评价意见进行适当整改，杜绝供水工程水质安全隐患的发生。

3. 加强部门之间协作

加强部门之间协作，强化水源地管理。加强水源周围排污控制和水源安全动态监督，营造防护林，保证安全的防护距离；与有关部门合作，结合沼气推广，加强粪便和污水、污物的排放管理。按水源地管理要求，监督部门参与，环保部门管理，水务部门关注，疾病预防控制部门监测，用水部门关心，共同保护，互相监督，必要时可由当地政府协调解决，切实解决水源地的有效保护问题。

4. 加大政府投入

加大政府投入，扩大供水水质监测覆盖面。各级政府应该按照国家相关文件要求，保障饮用水监测经费投入，建立水质动态监测网络，监测结果应及时向卫生行政部门、地方政府、制水和用水部门或人员报告反馈，共同探讨防制措施。发现问题，及时预测预警，降低介水疾病的发生率。

5. 完善饮水净化设施

完善饮水净化消毒设施，把好输水管材质量关，建立制水卫生安全管理的长效机制，因地制宜，完善饮水安全工艺、流程与设施配置，加强饮水安全制度管理，避免选用劣质输水管材，加强输水管网规范设计和维护管理，及时更换陈旧管线，按时清洗储水设施，防止二次污染。

6. 加强业务培训

加强对运行管理人员的业务培训，对运行管理人员加强饮水卫生标准的宣贯力度，增强其安全供水的自觉性。

第2章 农村供水工程系统

2.1 农村给水系统

2.1.1 农村给水系统的分类

农村给水系统是指保证农村居民、农村学校等取水、输水、净水和配水等设施以一定的方式组成的总体。通常由取水构筑物、输水管（渠）、水处理构筑物、泵站和管网等几部分组成，一般随水源类型与水质的不同，可按具体情况组合。

农村给水工程根据系统的不同性质，可分为不同种类。

1. 按供水规模划分

按供水规模一般可分为集中式和分散式两大类。

2. 按水源种类划分

按水源种类可分为地表水给水系统（江河、湖泊、蓄水库等）和地下水给水系统（浅层地下水、深层地下水、泉水等）。

3. 按供水方式划分

按供水方式可分为重力（依靠水源所具有的位置水头）供水、压力（水泵加压）供水和混合供水系统。

4. 按使用目的划分

按使用目的可分为生活给水系统、生产给水系统和消防给水系统。

5. 按服务对象划分

按服务对象可分为乡镇给水系统、农村居民给水系统和农村学校给水系统等。

2.1.2 农村给水系统的组成

农村给水系统的任务，是从水源取水，按照用户对水质的要求进行处理，然后将水输送至给水区，并向用户配水。为了完成上述任务，给水系统常由下列工程设施组成。

（1）取水构筑物。用以从地表水源或地下水源取得满足水源原水水质标准的原水，并输往水厂。

（2）水处理构筑物。用以对原水进行水质处理，以符合用户对供水水质的要求。常集中布置在水厂内。

（3）泵站。用以将所需水量提升到要求的高度，分为抽取原水的一级泵站、输送清水的二级泵站和设于管网中的增压泵站。

（4）输水管（渠）和管网。输水管（渠）是将原水送到水厂或将水厂处理后的清水送到管网的管（渠）。前者称为原水输水管（渠），后者称为清水输水管。管网是将处理后的水送到各个给水区的全部管道。

（5）调节构筑物。指各种类型的贮水构筑物，如高地水池、水塔和清水池，可贮存适当水量以调节用户用水量的变化。此外，高地水池和水塔还兼有保证水压的作用。高地水池通常适用于供水区域附近存在高地的情况，在高地上建设水池可节省工程投资，同时又可起到保证水压的作用。而水塔通常布置于供水区域及周围比较平坦而无法建高地水池的地区，工程建设投资较大。根据地形特点，水塔可构成网前水塔、网中水塔和对置水塔的给水系统。

在以上组成中，泵站、输水管（渠）和管网以及调节构筑物等总称为输配水系统。从给水系统整体来说，它是投资最大的子系统。约占给水工程总投资的 $60\%\sim80\%$。

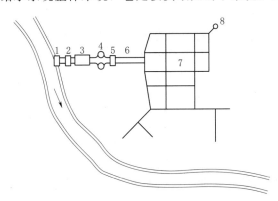

图 2.1.1　地表水为水源的给水系统图

1—取水构筑物；2—一级泵站；3—水处理构筑物；

4—清水池；5—二级泵站；6—输水管；7—管网；8—水塔

在工程实践中，也将给水系统分为取水工程、净水工程和输配水工程三个组成部分。其中，取水工程包括取水构筑物和一级泵站；净水工程包括水处理构筑物和清水池；输配水工程包括二级泵站、增压泵站、输水管（渠）、配水管网、水塔和高地水池等。

图 2.1.1 所示为以地表水为水源的给水系统。取水构筑物从江河取水，经一级泵站送往水处理构筑物，处理后的清水贮存在清水池中。二级泵站从清水池取水，经输水管送往管网供应用户。一般情况下，从取水构筑物到二级泵站都属于自来水厂的范围。有时为了调节水量和保持管网的水压，可根据需要建造水库泵站、水塔或高地水池。

给水管线遍布在整个给水区内，根据管线的作用，可划分为干管和分配管；前者用于输水，管径较大；后者用以配水到用户，管径较小。

以地下水为水源的给水系统，常用管井等取水，如地下水水质符合生活饮用水卫生标准，可省去水处理构筑物，从而使给水系统比较简化。如图 2.1.2 所示。

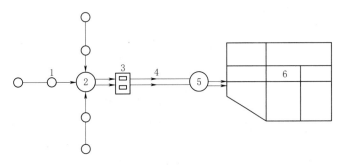

2.1.3 农村给水系统的布置

按照村镇规划，水源情况，村镇地形，用户对水量、水质和水压要求等方面的不同情况，

图 2.1.2　地下水为水源时的给水系统图

1—管井群；2—集水池；3—泵站；4—输水管；5—水塔；6—管网

给水系统可有多种布置方式。但常用的布置形式有以下几种。

1. 统一给水系统

按照生活饮用水水质标准，由同一管网供给生活、生产和消防用水，如图 2.1.1 和图

2.1.2 所示。绝大多数村镇采用这种布置形式。

统一供水的特点如下：

(1) 有利于供水的管理和统一调度。

(2) 与分质给水相比，建设费用低。

2. 分质给水系统

对工业布局集中的村镇（或区域）中，工业用水量往往较大，对个别用量大、水质要求较低或特殊的工业用水，可单独设置管网供应。如图 2.1.3 所示。

3. 分区给水系统

在给水区很大、地形高差显著，或远距离输水时，都可以考虑分区给水。分区给水是将整个给水系统分成几区，每区有独立的泵站和管网等，但各区之间有适当的联系，以保证供水可靠和调度灵活。分区给水的原因，从技术上是使管网的水压不超过水管的许可压力，以免损坏水管及其附件，并可减少漏水量，从经济上讲，可降低供水能量费用。

地形起伏较大的村镇可用分区或局部加压的给水系统，这种因给水区地形高差而分区的给水系统如图 2.1.4 所示。整个给水系统分成高低两区，以降低管网内的水压和减少动力费用。其布置方式可分成：高低两区由同一泵站分别单独供水，如图 2.1.4（a）所示，称为并联分区；另一种方式是高区泵站从低区水池取水，然后向高区供水，称为串联分区，如图 2.1.4（b）所示。

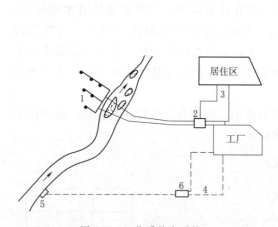

图 2.1.3　分质给水系统

1—管井群；2—泵站；3—生活给水管网；4—生产用水管网；

5—取水构筑物；6—生产用水处理构筑物

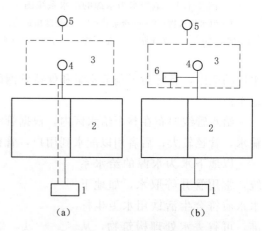

图 2.1.4　分区给水示意图

1—泵站；2—低区；3—高区；4—低区水池；

5—高区水池；6—高区泵站

（a）并联分区；（b）串联分区

并联分区的特点是各区用水分别供给，比较安全可靠；各区水泵集中在一个泵站内，管理方便；但增加了输水管长度和造价，又因到高区的水泵扬程高，须用耐高压的输水管等。在村镇平行于地形等高线延伸或水厂靠近高区等情形，可采用该布置方式。

串联分区的特点与并联分区的特点相反。在村镇垂直于地形等高线延伸，水厂远离高区等情形，可采用该布置方式。大村镇的管网往往由于村镇面积大，管线延伸很长，导致管网水头损失过大。为了提高管网边缘地区的水压，而在管网中间设加压泵站或水库泵站加压，也是串联分区的一种形式。

4. 区域给水系统

按照水资源合理利用和管理相对集中的原则,供水区域不局限于某一村镇,而是包含了若干乡镇及周边的农村集居,形成一个较大范围的供水区域。

由于农村地域辽阔,人口众多且居住分散,各地的经济发展水平和自然条件相差很大,供水方式也是多样的。除了以上供水系统的分类外,有可能根据水源的分类情况分为农村简易供水系统和分散供水系统。对于规模较大的村镇及大型的乡镇企业园区,可常用集中式供水,还可能同时具有集中供水系统与分散式供水系统相结合,如既有分区又有分质给水系统等。

2.1.4 农村供水工程供水系统布置形式

农村供水工程供水系统布置形式如图2.1.5所示。

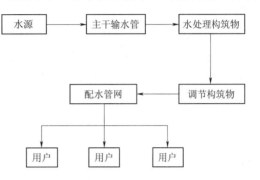

图 2.1.5 农村供水工程供水系统示意图

2.2 农村生活饮用水水质标准

2.2.1 水源水质

2.2.1.1 原水中的杂质

取自任何水源的水中都不同程度地含有各种各样的杂质。这些杂质不外乎有两种来源:一是自然过程,如地层矿物质在水中的溶解、水中微生物的繁殖及其死亡残骸、水流对地表及河床冲刷所带入的泥沙和腐殖质等。二是人为因素,即工业废水及生活污水排入水体所带入的。无论哪种来源的杂质,都包括无机物、有机物以及微生物等。从给水处理角度考虑,这些杂质可按尺寸大小分成溶解物、胶体和悬浮物三类,见表2.2.1。

表 2.2.1 水 中 杂 质 分 类

杂质	溶解物	胶体	悬 浮 物	
颗粒尺寸	0.1~1nm	10~100nm	1~10μm	100μm~1mm
分辨工具	电子显微镜可见	超显微镜可见	显微镜可见	肉眼可见
水的外观	透明	浑浊	浑浊	明显浑浊

1. 悬浮物和胶体杂质

悬浮物尺寸较大,易于在水中下沉或上浮。易于下沉的一般是比重大于水的大颗粒泥沙及矿物质废渣等;能够上浮的一般是体积较大而比重小于水的某些有机物。

胶体杂质颗粒尺寸很小,在水中具有稳定性,经长期静置也不会下沉。水中所存在的胶体杂质通常有黏土、某些细菌及病毒、腐殖质及蛋白质等。天然水中的胶体杂质一般带负电荷，有时也含有少量带正电荷的金属氢氧化物胶体杂质。

悬浮物和胶体杂质是使水产生浑浊现象的根源。其中有机物，如腐殖质及藻类等，还会造成水的色、臭、味。

悬浮物和胶体杂质一般是生活饮用水处理的去除对象。粒径大于 0.1mm 的泥沙较易去除，通常在水中可自行下沉；而粒径较小的悬浮物和胶体杂质，须投加凝聚剂方可去除。

2. 溶解杂质

溶解杂质是指水中的低分子和离子。它们与水构成均相体系，外观透明，称真溶液。但有的溶解杂质可使水产生色、臭、味。溶解杂质是某些工业用水的去除对象，处理的方法也和去除悬浮物和胶体的方法不同。

在未受工业废水或生活污水污染的天然水体中，溶解杂质主要有以下几种。

（1）溶解气体。天然水中的溶解气体主要是氧、氮和二氧化碳，有时也会有少量硫化氢。

天然水中的氧主要来源于空气中氧的溶解，部分来自藻类和其他水生植物的光合作用。地表水中溶解氧的量与水温、气压及水中有机物含量等有关。天然水体的溶解氧含量一般为 $5\sim10mg/L$。

地表水中的二氧化碳主要来自有机物的分解；地下水中的二氧化碳除来源于有机物的分解外，还有在地层中所进行的化学反应。地表水中（除海水以外）二氧化碳含量一般小于 $30mg/L$，地下水中二氧化碳含量约几十至一百毫克每升。

水中氮主要来自空气中氮的溶解，部分是有机物分解及含氮化合物的细菌还原等生化过程的产物。

水中硫化氢的存在与某些含硫矿物（如硫铁矿）的还原及水中有机物腐烂有关。由于硫化氢极易氧化，故地表水中含量很少。如果发现地表水中硫化氢含量较高，往往与含有大量含硫物质的生活污水或工业废水污染有关。

（2）离子。天然水中所含的主要阳离子有钙离子（Ca^{2+}）、镁离子（Mg^{2+}）、钠离子（Na^+）；主要阴离子有碳酸氢根离子（HCO_3^-）、硫酸根离子（SO_4^{2-}）、氯离子（Cl^-）。此外还有少量钾离子（K^+）、二价铁离子（Fe^{2+}）、锰离子（Mn^{2+}）、铜离子（Cu^{2+}）等阳离子及硅酸氢根离子（$HSiO_3^-$）、碳酸根离子（CO_3^{2-}）、硝酸根离子（NO_3^-）等阴离子。所有这些离子主要来源于矿物质的溶解，也有部分可能来源于水中有机物的分解。

2.2.1.2 各种天然水源的水质特点

1. 地下水

水在地层渗滤过程中，悬浮物和胶体杂质已基本或大部分去除，水质清澈，且水源不易受外界污染和气温影响，因而水质、水温较稳定，一般宜作为生活饮用水和工业冷却用水的水源。

2. 江河水

江河水易受自然条件影响。水中悬浮物和胶体杂质含量较多，浊度高于地下水。由于我国幅员辽阔，大小河流纵横交错，自然地理条件相差悬殊，因而各地区江河水的浊度也相差很大。甚至同一条河流，上游和下游、夏季和冬季、晴天和雨天，浑浊度也相差颇为悬殊。我国大多数河流，河水含盐量和硬度一般均无碍于生活饮用。

江、河水的最大缺点是易受工业废水、生活污水及其他各种人为污染，因而水的色、臭、味变化较大，有毒或有害物质易进入水体。水温不稳定，夏季常不能满足工业冷却用水要求。

3. 湖泊和水库水

湖泊和水库水主要由河水补给，水质与河水类似。但由于湖（或水库）水流动性小，贮存时间长，经过长期自然沉淀，浊度较低。只有在风浪时以及暴雨季节，由于湖底沉积物或泥沙泛起，才产生浑浊现象。水的流动性小和透明度高又给水中浮游生物特别是藻类的繁殖创造了良好条件。因而，湖水一般含藻类较多，使水产生色、臭、味。同时，水生物死亡残骸沉积湖底，使湖底淤泥中积存了大量腐殖质，一经风浪泛起，便使水质恶化。湖水也易受废水污染。

4. 海水

海水含盐量高，而且所含各种盐类或离子的重量比例基本上一定，这是海水与其他天然水源所不同的一个显著特点。其中氯化物含量最高，约占总含盐量的89%左右，硫化物次之；再次之为碳酸盐；其他盐类含量极少。海水一般需经淡化处理才可作为居民生活用水。

2.2.1.3 生活饮用水水源水质分级

生活饮用水水源水质分为两级，各级标准的限值见表2.2.2。

表 2.2.2　　　　　　　　　　　生活饮用水水源水质分级

项　　目	标　准　限　值	
	一　级	二　级
色	色度不超过15度，并不得呈现其他异色	不应有明显的其他异色
浑浊度（度）	≤3	
臭和味	不得有异臭、异味	不应有明显的异臭、异味
pH值	6.5～8.5	6.5～8.5
总硬度（以碳酸钙计）/(mg/L)	≤350	≤450
溶解铁/(mg/L)	≤0.3	≤0.5
锰/(mg/L)	≤0.1	≤0.1
铜/(mg/L)	≤1.0	≤1.0
锌/(mg/L)	≤1.0	≤1.0
挥发酚（以苯酚计）/(mg/L)	≤0.002	≤0.004
阴离子合成洗涤剂/(mg/L)	≤0.3	≤0.3
硫酸盐/(mg/L)	<250	<250
氯化物/(mg/L)	<250	<250
溶解性总固体/(mg/L)	<1000	<1000
氟化物/(mg/L)	≤1.0	≤1.0
氰化物/(mg/L)	≤0.05	≤0.05

项 目	标 准 限 值	
	一级	二级
砷/(mg/L)	≤0.05	≤0.05
硒/(mg/L)	≤0.01	≤0.01
汞/(mg/L)	≤0.001	≤0.001
镉/(mg/L)	≤0.01	≤0.01
铬（六价）/(mg/L)	≤0.05	≤0.05
铅/(mg/L)	≤0.05	≤0.07
银/(mg/L)	≤0.05	≤0.05
铍/(mg/L)	≤0.0002	≤0.0002
氨氮（以氮计）/(mg/L)	≤0.5	≤1.0
硝酸盐（以氮计）/(mg/L)	≤10	≤20
耗氧量（$KMnO_4$法）/(mg/L)	≤3	≤6
苯并（α）芘/(μg/L)	≤0.01	≤0.01
滴滴涕/(μg/L)	≤1	≤1
六六六/(μg/L)	≤5	≤5
百菌清/(mg/L)	≤0.01	≤0.01
总大肠菌群/(个/L)	≤1000	≤10000
总α放射性/(Bq/L)	≤0.1	≤0.1
总β放射性/(Bq/L)	≤1	≤1

注 1. 一级水源水：水质良好。地下水只需消毒处理，地表水经简易净化处理（如过滤）、消毒后即可供生活饮用者。

2. 二级水源水：水质受轻度污染。经常规净化处理（如絮凝、沉淀、过滤、消毒等），其水质即可达到《生活饮用水卫生标准》（GB 5749—2006）规定，可供生活饮用者。

2.2.2 饮用水水质标准

水质标准是国家或部门根据不同的用水目的（如饮用、工业、农业用水等）而制定的各项水质参数应达到的指标和限值。在制定水质标准时，还要考虑当前的水处理技术及检测水平高低；用水目的不同，水质标准不同。随着水源污染的日益严重、人们对水质要求的不断提高及水处理技术和检测水平的不断进步，水质标准也在不断修改和补充，并有新标准出台。

饮用水的水质与人体健康密切相关。世界上很多国家和地区根据各自的经济状况、自然环境和技术水平制定了不同的饮用水标准，其中最有代表性和权威性的是世界卫生组织（WHO）水质准则，它是世界各国制定本国饮用水水质标准的基础和依据。此外，影响较大的有欧洲共同体（欧盟前身）理事会制定的生活饮用水水质条例（也称为饮用水指令）和美国饮用水水质标准。其他国家和地区基本以上述 3 种标准为基础，结合各国或地区的实际情况，制定该国或该地区的饮用水水质标准。

我国生活饮用水现行国家标准为 2006 年修订的《生活饮用水卫生标准》（GB 5749—2006），本标准规定了生活饮用水水质卫生要求、生活饮用水水源水质卫生要求、集中式供水单位卫生要求、二次供水卫生要求、涉及生活饮用水卫生安全产品卫生要求、水质监测和水质检验方法。

本标准适用于城乡各类集中式供水的生活饮用水，也适用于分散式供水的生活饮用水。

现行标准水质指标各项水质参数应达到的指标和限值参见表2.2.3～表2.2.6。

表2.2.3 水质常规指标及限值

指　标	限　值	指　标	限　值
1. 微生物指标①		**3. 感官性状和一般化学指标**	
总大肠菌群/(MPN/100mL 或CFU/100mL)	不得检出	色度（铂钴色度单位）	15
耐热大肠菌群/(MPN/100mL 或CFU/100mL)	不得检出	浑浊度（NTU－散射浊度单位）	1 水源与净水技术条件限制时为3
大肠埃希氏菌/(MPN/100mL 或CFU/100mL)	不得检出	臭和味	无异臭、异味
菌落总数/(CFU/mL)	100	肉眼可见物	无
2. 毒理指标		pH 值	不小于6.5且不大于8.5
砷/(mg/L)	0.01	铝/(mg/L)	0.2
镉/(mg/L)	0.005	铁/(mg/L)	0.3
铬（六价，mg/L）	0.05	锰/(mg/L)	0.1
铅/(mg/L)	0.01	铜/(mg/L)	1.0
汞/(mg/L)	0.001	锌/(mg/L)	1.0
硒/(mg/L)	0.01	氯化物/(mg/L)	250
氰化物/(mg/L)	0.05	硫酸盐/(mg/L)	250
氟化物/(mg/L)	1.0	溶解性总固体/(mg/L)	1000
硝酸盐（以N计，mg/L）	10（地下水源限制时为20）	总硬度/（以CaCO₃计，mg/L）	450
三氯甲烷/(mg/L)	0.06	耗氧量/(CODₘₙ法，以O₂计，mg/L)	3 水源限制，原水耗氧量＞6mg/L时为5
四氯化碳/(mg/L)	0.002		
溴酸盐（使用臭氧时，mg/L）	0.01	挥发酚类（以苯酚计，mg/L）	0.002
甲醛（使用臭氧时，mg/L）	0.9	阴离子合成洗涤剂/(mg/L)	0.3
亚氯酸盐（使用二氧化氯消毒时，mg/L）	0.7	**4. 放射性指标②**	
氯酸盐（使用复合二氧化氯消毒时，mg/L）	0.7	总α放射性/(Bq/L)	0.5③
		总β放射性/(Bq/L)	1④

① MPN表示最可能数；CFU表示菌落形成单位。当水样检出总大肠菌群时，应进一步检验大肠埃希氏菌或耐热大肠菌群；水样未检出总大肠菌群，不必检验大肠埃希氏菌或耐热大肠菌群。

② 放射性指标超过指导值，应进行核素分析和评价，判定能否饮用。

③、④ 对放射性指标，此限值为指导值。

表 2.2.4　　　　　　　　　　　　　　　**水质非常规指标及限值**

指 标	限 值	指 标	限 值
1. 微生物指标		甲基对硫磷/(mg/L)	0.02
贾第鞭毛虫/(个/10L)	<1	百菌清/(mg/L)	0.01
隐孢子虫/(个/10L)	<1	呋喃丹/(mg/L)	0.007
2. 毒理指标		林丹/(mg/L)	0.002
锑/(mg/L)	0.005	毒死蜱/(mg/L)	0.03
钡/(mg/L)	0.7	草甘膦/(mg/L)	0.7
铍/(mg/L)	0.002	敌敌畏/(mg/L)	0.001
硼/(mg/L)	0.5	莠去津/(mg/L)	0.002
钼/(mg/L)	0.07	溴氰菊酯/(mg/L)	0.02
镍/(mg/L)	0.02	2,4-滴/(mg/L)	0.03
银/(mg/L)	0.05	滴滴涕/(mg/L)	0.001
铊/(mg/L)	0.0001	乙苯/(mg/L)	0.3
氯化氰/(以 CN^- 计，mg/L)	0.07	二甲苯/(mg/L)	0.5
一氯二溴甲烷/(mg/L)	0.1	1,1-二氯乙烯/(mg/L)	0.03
二氯一溴甲烷/(mg/L)	0.06	1,2-二氯乙烯/(mg/L)	0.05
二氯乙酸/(mg/L)	0.05	1,2-二氯苯/(mg/L)	1
1,2-二氯乙烷/(mg/L)	0.03	1,4-二氯苯/(mg/L)	0.3
二氯甲烷/(mg/L)	0.02	三氯乙烯/(mg/L)	0.07
三卤甲烷（三氯甲烷、一氯二溴甲烷、二氯一溴甲烷、三溴甲烷的总和）	该类化合物中各种化合物的实测浓度与其各自限值的比值之和不超过1	三氯苯/(总量，mg/L)	0.02
		六氯丁二烯/(mg/L)	0.0006
		丙烯酰胺/(mg/L)	0.0005
		四氯乙烯/(mg/L)	0.04
		甲苯/(mg/L)	0.7
1,1,1-三氯乙烷/(mg/L)	2	邻苯二甲酸二（2-乙基己基）酯/(mg/L)	0.008
三氯乙酸/(mg/L)	0.1	环氧氯丙烷/(mg/L)	0.0004
三氯乙醛/(mg/L)	0.01	苯/(mg/L)	0.01
2,4,6-三氯酚/(mg/L)	0.2	苯乙烯/(mg/L)	0.02
三溴甲烷/(mg/L)	0.1	苯并（a）芘/(mg/L)	0.00001
七氯/(mg/L)	0.0004	氯乙烯/(mg/L)	0.005
马拉硫磷/(mg/L)	0.25	氯苯/(mg/L)	0.3
五氯酚/(mg/L)	0.009	微囊藻毒素-LR/(mg/L)	0.001
六六六/(总量，mg/L)	0.005	**3. 感官性状和一般化学指标**	
六氯苯/(mg/L)	0.001	氨氮/(以 N 计，mg/L)	0.5
乐果/(mg/L)	0.08	硫化物/(mg/L)	0.02
对硫磷/(mg/L)	0.003	钠/(mg/L)	200
灭草松/(mg/L)	0.3		

表 2.2.5　　　　　　　　　　饮用水中消毒剂常规指标及要求

消毒剂名称	与水接触时间	出厂水中限值	出厂水中余量	管网末梢水中余量
氯气及游离氯制剂/(游离氯，mg/L)	至少 30min	4	≥0.3	≥0.05
一氯胺/(总氯，mg/L)	至少 120min	3	≥0.5	≥0.05
臭氧/(O_3，mg/L)	至少 12min	0.3	—	0.02 如加氯，总氯≥0.05
二氧化氯/(ClO_2，mg/L)	至少 30min	0.8	≥0.1	≥0.02

表 2.2.6　　　　　　农村小型集中式供水和分散式供水部分水质指标及限值

指　　标	限　值	指　　标	限　　值
1. 微生物指标			
菌落总数/(CFU/mL)	500	pH 值	≥6.5 且≤9.5
2. 毒理指标			
砷/(mg/L)	0.05	溶解性总固体/(mg/L)	1500
氟化物/(mg/L)	1.2	总硬度/(以 $CaCO_3$ 计，mg/L)	550
硝酸盐/(以 N 计，mg/L)	20	耗氧量/(COD_{Mn}法，以 O_2 计，mg/L)	5
3. 感官性状和一般化学指标		铁/(mg/L)	0.5
色度（铂钴色度单位）	20	锰/(mg/L)	0.3
浑浊度（NTU -散射浊度单位）	3 水源与净水技术条件限制时为 5	氯化物/(mg/L)	300
		硫酸盐/(mg/L)	300

2.3　水　源　与　取　水　工　程

2.3.1　供水水源

2.3.1.1　供水水源的类型

水源按其存在形式可分为地下水源和地表水源两大类。地下水源包括上层滞水、潜水、承压水、裂隙水、岩溶水和潜水泉等。地表水源包括江河水、湖泊水、水库水以及海水等。

1. 地下水源

地下水的来源主要是大气降水和地表水的入渗。渗入水量的多寡与降雨量、降雨强度、持续时间、地表径流和地层构造及其透水性有关。一般年降雨量的 30%～80%渗入地下补给地下水。

（1）上层滞水。上层滞水是存在于包气带中局部隔水层之上的地下水。图 2.3.1 所示为上层滞水。它的特征是分布范围有限，补给区与分布区一致。水量随季节变化，旱季甚至干枯。因此，只宜作为少数居民或临时供水水源，例如我国西北黄土高原

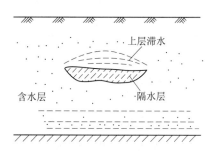

图 2.3.1　上层滞水

某些地区，埋藏有上层滞水，成为该区宝贵水源。

（2）潜水。潜水是埋藏在第一隔水层上，具有自由表面的重力水，如图 2.3.2 所示。它多存在于第四纪沉积层的孔隙及裸露于地表基岩裂缝和空洞之中。潜水主要特征是有隔水底板而无隔水顶板，具有自由表面的无压水，它的分布区和补给区往往一致，水位及水量变化较大。我国潜水分布较广，储量丰富，常用作给水水源。但由于易被污染，须注意卫生防护。

（3）承压水。承压水是充满于两隔水层间有压的地下水。当用钻孔凿穿地层时，承压水就会上升到含水层顶板以上，如有足够压力，则水能喷出地表，称为自流井。其主要特征是含水层上下都有隔水层，承受压力，有明显的补给区、承压水和排泄区，补给区和排泄区往往相隔很远，一般埋藏较深，不易被污染，如图 2.3.3 所示。

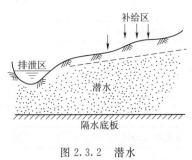

图 2.3.2　潜水

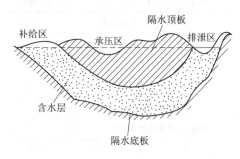

图 2.3.3　承压水

（4）裂隙水。裂隙水是埋藏在基岩裂隙中的地下承水。大部分基岩裸露在山区，因此裂隙水主要在山区出现。

（5）岩溶水。通常在石灰岩、泥灰岩、白云岩、石膏等可溶岩石分布地区，由于水流作用形成溶洞、落水洞、地下暗河等岩溶现象，贮存和运动于岩溶层中的地下水称为岩溶水或喀斯特水。其特征是水化学成分简单、矿化度低，涌水量在一年内变化较大。

广西石灰岩分布甚广，水量丰富，可作为供水水源。

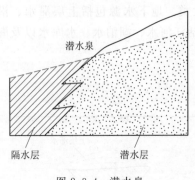

图 2.3.4　潜水泉

（6）潜水泉。涌出地表的地下水露头称为泉，有包气带泉、潜水泉和自流泉等。包气带泉涌水量变化很大，旱季可干枯，水的化学成分及水温均不稳定。潜水泉由潜水补给，受降水影响，季节性变化显著，其特点是水流通常渗出地表。山前倾斜平原的潜水溢出泉，如图 2.3.4 所示。自流泉由承压水补给，其特点是向上涌出地表，动态稳定，涌出量变化甚小，是良好的供水水源。

2. 地表水源

（1）江、河水。我国江、河水资源丰富，流量较大，但因各地条件不一，水源状况也各不相同。一般江、河洪枯流量及水位变化较大，水中含泥沙等杂质较多，并且发生河床冲刷、淤积和河床演变。河水水质随流量变化而变化，在平、枯水期，河水较清，洪水期水质浑浊且挟有大量推移质和漂浮物。

江、河水最大缺点是易受工业废水、生活污水及其他各种人为污染，因而水的色、臭、味变化较大，有毒或有害物质易进入水体。

（2）湖泊及水库水。广西湖泊较多，可作为给水水源。其特点是水量充沛，水质较清，含悬浮物较少，但水中易繁殖藻类及浮游生物，底部积有淤泥，应注意水质对给水水源的影响。

（3）海水。海水含盐量高，而且所含各种盐类或离子的重量比例基本上一定，这是海水与其他天然水源所不同的一个显著特点。其中氯化物含量最高，占总含盐量的 89% 左右，硫化物次之；再次之为碳酸盐；其他盐类含量极少。海水一般需经淡化处理才可作为居民生活用水。

2.3.1.2 供水水源的选择

1. 选择供水水源时应符合的要求

（1）水量充沛，水源保证率要达到 95%。

（2）尽量取用水质优良的水，能避免污染，便于水源保护，常年符合《生活饮用水卫生标准》（GB 5749—2006）中关于水源水质的要求。

（3）取水点安全可靠，便于施工、输水和管理，并有发展余地。

（4）当地表水与地下水两种水源均有可能使用时，根据经济技术条件可选用一种，也可两种并用，可以一处取水，也可多处取水。

供水水源的选择应根据村镇近期总体规划、水体的水质情况、水文和水文地质资料、用户对水质和水量的要求等方面的因素综合进行考虑，选择水质良好、水量充沛、环境得以保护的水体作为供水水源。在对水源水质要求较高时，宜优先选用地下水，取水点的设置应位于村镇的上游。

2. 作为生活饮用水水源的水质应符合的要求

（1）只经加氯消毒即可作生活饮用水的水源水，大肠菌群数平均每升不得超过 100个；经过净化处理及加氯消毒后作为生活饮用水的水源水，由于净化处理工艺中的过滤工艺可将大部分细菌滤除，所以，大肠菌群数平均每升不得超过 10000 个。

（2）水的净化处理，可使浑浊度、色度、硬度等感观指标和化学指标降低，因此，水的感观性状和化学指标经净化处理后应达到《生活饮用水卫生标准》（GB 5749—2006）的要求。

（3）供水水源的水质，其毒理学指标应符合《生活饮用水卫生标准》（GB 5749—2006）的规定。

（4）在地方性甲状腺肿地区或高氟地区，应选用含碘、氟适量的水源水，否则，应根据需要采取预防措施。水中含碘量在 10pg/L 以下时易发生甲状腺肿，氟化物含量在1.0mg/L 以上时容易发生氟中毒。

（5）分散式供水水源的水质，应尽量符合《生活饮用水卫生标准》（GB 5749—2006）的规定。

（6）水源水中若含有《生活饮用水卫生标准》（GB 5749—2006）中未列入的有害物质时，其含量应符合《工业企业设计卫生标准》（GBZ 1—2010）的规定。

如果不得不选用超过上述某项指标要求的水体作为生活饮用水的水源，应征得主管部门同意，并根据其超过的程度与卫生部门共同研究处理方法，使其最终符合《生活饮用水卫生标准》（GB 5749—2006）的规定。

供水水源除保证一定的水质要求外，还必须满足一定的水量要求，无论是采用地表水还是地下水作为供水水源，都必须考虑水体水量的变化规律，按最不利情况考虑是否能满足供水的要求。

供水水源的选择还必须保证长期稳定的供水，以避免短期内频繁开发水源造成不必要的经济损失。

供水水源的选择不仅要考虑到在技术上可行，更要考虑到在经济上的合理，使水源的开发过程在综合权衡下进行，以最小的投入得到最大的经济效益。

3. 选择地表水水源时应符合的要求

（1）应搜集、整理该水源的长期水文观测资料，进行全面的水文分析和计算。研究丰水期、枯水期的变化规律，分析确定水源保证率是否符合水量要求。

（2）调查上下游卫生和污染状况、河床演变过程、水利航运综合开发利用等情况，提出最佳取水地段和取水位置。

（3）根据国家对村镇供水水源的法规和工程设计的规范标准，对选用的水源作出是否可以采用的评价。

4. 选择地下水水源时应符合的要求

选择地下水水源时，应对水源地的水文地质条件进行勘探和分析研究，对地下水可开采量和水质进行评价，对卫生污染状况进行调查，然后对照有关规定，作出评价结论。

2.3.1.3　供水水源的保护

供水水源的保护主要是水源水量的保证和水质的保证。

水源应按《生活饮用水卫生标准》（GB 5749—2006）中提出的要求进行卫生防护，在水源地一定范围内划定水源防护区域，制定水源防护的具体规定；要对水源的水质动态进行监测，定期分析水质的变化情况。

水量保证的措施有：适度的开采，水量的季节性调蓄，区域性水土保持等。水质保证的措施有：村镇整体布局的规划，加强环境保护（尤其是注意各种污水废水向河流或向地下排放的管理），采取有效的措施预防供水水源的污染。

对于生活饮用水水源，应设置卫生防护带。集中式供水水源防护带的范围和防护措施应按有关规定执行。

1. 地表水水源的保护

（1）取水点周围半径不小于100m的水域内，不得停靠船只，不得进行捕捞和游泳等易污染水源的活动，并应设置明显的范围标志，并不得从事一切可能污染水源的活动。

（2）河流取水点上游1000m至下游100m的水域内，不得排入工业废水和生活污水；其沿岸防护范围内，不得堆放废渣，不得设置有害化学物品的仓库、堆栈或设立装卸垃圾、粪便和有毒物品的码头；不得停靠船只、游泳、捕捞或从事一切可能污染水源的活动。沿岸不得使用工业废水或生活污水灌溉，不得施用有持久性或剧毒性的农药，并不得从事放牧活动。在河流取水点上游，应严格控制向河流排放污染物，并实行总量控制。如图2.3.5所示。

图 2.3.5　水源保护图示

（3）供生活饮用水的水库和湖泊，取水点周围部分水域或整个水域，也按上述要求执行。

（4）定期对集中饮用水水源保护区开展检查，对问题及时整治处理。积极开展农业污染防治。

2．地下水水源的防护

（1）取水构筑物的防护范围，应根据水文地质条件、取水构筑物的形式和附近地区的卫生状况确定，其防护措施应与地面水水厂生产区要求相同。

（2）机井、大口井、渗渠、井群的影响半径范围内，不得使用工业废水或生活污水灌溉和施用有持久性或剧毒的农药，不得修建渗水厕所、渗水坑，不得堆放废渣或铺设污水渠道，并不得从事破坏深层土层的活动。

（3）确定或划定保护区，禁止在保护区范围内乱采矿和排放工业废水。在水源保护区营造水源林，禁止乱砍滥伐。

（4）农户自家打井周围 30m 范围内，不应有渗水厕所、渗水坑、污水沟、粪堆、垃圾堆等污染源，水池、水柜等须和厕所、畜（禽）圈保持 10m 以上距离。

3．水厂生产区

水厂生产区和单独设立的泵房、沉淀池、清水池（含高位水池）外不小于 10m 的范围内，不得设立生活居住区和禽畜养殖场，不得修建渗水厕所和渗水坑，不得堆放垃圾、粪便、废渣或铺设污水管（渠）道，应保持良好的卫生状况并搞好绿化。

2.3.2　地表水取水构筑物

2.3.2.1　地表水取水构筑物位置选择

正确选择地表水取水构筑物的位置是保证安全、经济、合理的供水的重要环节。因此，在选择取水构筑物位置时，必须根据河流水文、水力、地形、地质、卫生等条件综合研究，进行多方案技术经济比较，从中选择最合理的取水构筑物位置。

在选择取水构筑物位置时，应考虑以下基本要求：

（1）设在水质较好地点以避免污染，取水构筑物宜选择位于村镇和工业企业上游的清洁河段，在污水排放口的上游 100～150m 以上；取水构筑物应避开河流中的回流区和死水区，以减少进水中的泥沙和漂浮物；在沿海地区应考虑到咸潮的影响，尽量避免吸入咸水；污水灌溉农田、农作物施加杀虫剂等都可能污染水源，也应予以注意。

（2）具有稳定河床和河岸，靠近主流，有足够的水深在弯曲河段上。取水构筑物位置宜设在河流的凹岸；或者在主流尚未偏离时，可选在凸岸的起点；主流虽已偏离，但离岸不远有不淤积的深槽时，仍可设置取水构筑物。在顺直河段上，取水构筑物位置宜设在河床稳定、深槽主流近岸处，通常也就是河流较窄、流速较大、水较深的地点，在取水构筑物处的水深一般要求不小于 2.5～3.0m。

（3）具有良好的地质、地形及施工条件。取水构筑物应设在地质构造稳定、承载力高的地基上；取水构筑物不宜设在有宽广河漫滩的地方，以免进水管过长；选择取水构筑物位置时，要尽量考虑到施工条件，除要求交通运输方便、有足够的施工场地外，还要尽量减少土石方量和水下工程量，以节省投资，缩短工期。

（4）在保证取水安全的前提下，取水构筑物应尽可能靠近主要用水地区，以缩短输水管线的长度，减少输水管的投资和输水电费。此外，输水管的敷设应尽量减少穿过天然或人工障碍物。

（5）注意人工构筑物或天然障碍物。取水构筑物应避开桥前水流滞缓段和桥后冲刷、落淤段，一般设在桥前 0.5～1.0km 或桥后 1.0km 以外；取水构筑物与丁坝同岸时，应设在丁坝上游，与坝前浅滩起点相距一定距离处，也可设在丁坝的对岸；拦河坝上游流速减缓，泥沙易于淤积，闸坝泄洪或排沙时，下游产生冲刷泥沙增多，取水构筑物宜设在其影响范围以外的地段。

（6）应与河流的综合利用相适应。选择取水构筑物位置时，应结合河流的综合利用，如航运、灌溉、排洪、水力发电等，全面考虑，统筹安排。在通航河流上设置取水构筑物时，应不影响航船通行，必要时应按照航道部门的要求设置航标；应注意了解河流上下游近远期内拟建的各种水工构筑物和整治规划对取水构筑物可能产生的影响。

2.3.2.2　地表水取水构筑物类型

按水源种类可分为河流、湖泊、水库及海水取水构筑物；按取水构筑物的构造形式可分为固定式（岸边式、河床式、斗槽式）和活动式（浮船式、缆车式）两种，在山区河流上，有低坝式和低栏栅式取水构筑物。

1. 固定式取水构筑物

固定式取水构筑物按取水形式的不同，分为岸边式与河床式两种，此外还有斗槽式。

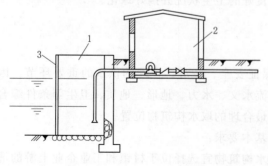

图 2.3.6　岸边式取水构筑物
1—进水间；2—泵房；3—格栅

（1）岸边式取水构筑物。岸边式取水构筑物指的是设在岸边取水的构筑物，一般由进水间和泵房两部分组成。如图 2.3.6 所示。适用于岸边较陡，主流近岸，岸边有足够水深，水质和地质条件较好，水位变幅不大的情况。

岸边式取水构筑物一般采用钢筋混凝土结构。构筑物的平面形状有圆形、矩形和椭圆形。采用何种形式，应根据工艺布置方案及其所确定的构筑物尺寸、荷载条件、构造特点以及施工方法等来确定。圆形的取水构筑物其结构性能较好，便于施工，受力条件较好，但不便于布置水泵等设备。矩形的取水构筑物则与圆形相反。而椭圆形取水构筑物兼有圆形及矩形取水构筑物的优点。

（2）河床式取水构筑物。河床式取水构筑物是指利用进水管将取水头部伸入江河、湖泊中取水的构筑物。河床式取水构筑物一般由取水头部、进水管、进水间（或集水井）和泵房组成。如图 2.3.7 所示。当河床稳定，河岸平坦，枯水期主流远离取水岸，岸边水深不够或水质较差，而河中心具有足够的水深或水质较好时，宜采用河床式取水构筑物。

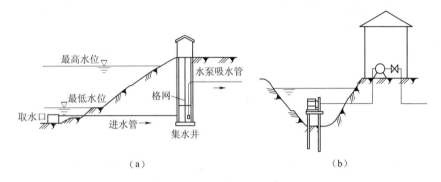

（a）   （b）

图 2.3.7　河床式取水构筑物

（a）设有集水井的取水构筑物；（b）不设集水井的取水构筑物

2. 活动式取水构筑物

活动式取水构筑物适用于水位变化大的河流。构筑物可随水位升降，具有投资较省、施工简单等优点，但操作管理较固定式麻烦，取水安全性也较差，主要有两种。

（1）浮船式。如图 2.3.8 所示，水泵设在浮船上，直接从河中取水，由输水斜管送至岸上。水泵的出水管和输水斜管的连接要灵活，以适应浮船的升降和摇摆。当采用阶梯式连接时，须随水位涨落改换接头位置。当采用摇臂式连接时，加长联络管为摇臂，不换接头，浮船也可以随水位自由升降。浮船取水要求河岸有适当的坡度（20°～30°）。浮船式取水构筑物在中国西南和中南地区较多。20 世纪 80 年代，单船供水能力已超过 10 万 m^3/d。

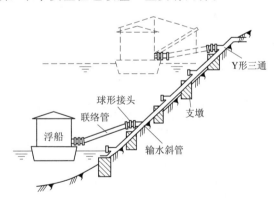

图 2.3.8　浮船式取水构筑物

（2）缆车式。如图 2.3.9 所示，由坡道、输水斜管和牵引设备等 4 个主要部分组成。取水泵设在泵车上。当河流水位涨落时，泵车可由牵引设备沿坡道上下移动，以适应水位，同时改换接头。缆车式取水适宜于水位涨落速度不大（如不超过 2m/h）、无冰凌和漂浮物较少的河流。

3. 山区浅水河流的取水构筑物

山区浅水河流两岸多为陡峭的山崖，河谷狭窄，径流多由降雨补给。其洪水期与枯水

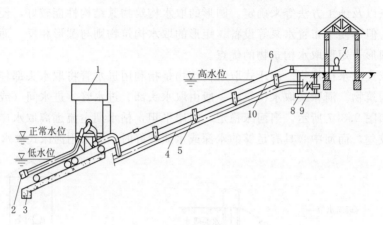

图 2.3.9 缆车式取水构筑物

1—泵车；2—吸水管；3—支墩；4—输水斜管；5—T 形三通接口；

6—缆绳；7—卷扬机；8—单向阀；9—闸阀；10—坡道

期流量相差高达几百倍甚至数千倍，来势猛，历时短。山洪暴发时，水位骤增，水流湍急，泥沙含量高，颗粒粒径大，甚至发生泥石流。为确保取水构筑物安全，顺利取到满足一定水量、水质要求的水，必须尽可能地取得河流的流量、水位、水质、泥沙含量及组成等方面的准确数据，了解其变化规律，以便在此基础上正确地选择取水口的位置和取水构筑物的形式。

如果山区河流的水文及水文地质特征等条件与平原河流相似，可以采用平原河流常用的取水构筑物形式。

一般山区河流常用的取水构筑物形式为底栏栅式取水和低坝式取水。

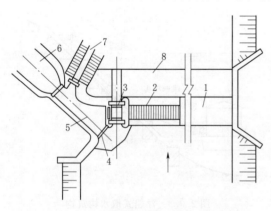

图 2.3.10 底栏栅式取水构筑物布置图

1—溢流坝；2—底栏栅；3—冲沙室；4—进水闸；

5—第二冲沙室；6—沉沙池；7—排沙渠；8—防洪护坦

（1）底栏栅式取水。底栏栅式取水构筑物的组成如图 2.3.10 所示。底栏栅式取水是通过溢流坝抬高水，并从底栏栅顶部流入引水渠道，再流经沉沙池后到取水泵站。取水构筑物中的泥沙，可在洪水期时开启相应闸门引水进行冲洗，予以排除。

底栏栅式取水适用于河床较窄、水深较浅、河底纵坡较大、大颗粒推移质特别多的山区河流，且取水占河水总量比例较大的情况。

（2）低坝式取水。低坝式取水构筑物各组成部分如下，常见的类型如图 2.3.11 所示。

1）拦河低坝，用于抬高枯水期水位。

2）冲沙闸，避免取水口泥沙淤积。

3）取水口，一般为固定式岸边取水构筑物。

枯水水位和常水位时，低坝拦住河水或部分从坝顶溢流，保证有足够的水深以利于取

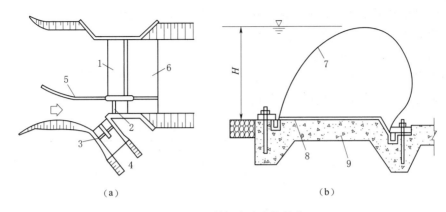

图 2.3.11　低坝式取水构筑物

（a）固定式低坝取水枢纽；（b）活动式低坝取水枢纽

1—溢流坝；2—冲沙闸；3—进水闸；4—引水明渠；5—导流堤；6—护坦；7—袋形橡胶坝；8—橡胶底垫；9—坝基

水口取水。冲沙闸靠近取水口一侧，开启度随流量变化而定，以保证河水在取水口处形成一定的流速以防淤积，洪水位时则形成溢流，保证排洪通畅。

低坝式取水适用于枯水期流量特别小、水层浅薄，不通船、不放筏，且推移质不多的小型山区河流。

2.3.3　地下水取水构筑物

2.3.3.1　地下水取水构筑物的位置选择

地下水取水构筑物的位置选择主要取决于水文地质条件和用水要求。在选择地点时，应考虑下列基本情况：

（1）取水地点应与村镇总体规划相适应。

（2）应位于出水丰富、水质良好的地段。不同地段的水文地质条件选择取水地点的实践经验表明：

1）在山间河谷地区的河流两岸大都有厚度不大的第四纪地层沉积物，常形成多级台地及河漫滩，形成良好的蓄水构造，地下水与河水关系密切，枯水季节地下水常补给河水，丰水季节河水补给地下水。在这些地区设置地下水取水构筑物，宜平行河流布置于河漫滩或一级台地上，以便同时截取地下水和河流渗透水。

2）在山前平原地区，常由许多冲、洪积扇连成一片，成为山前倾斜平原，其上部含水层常由孵石、砾石、粗砂等组成，厚度较大，水量较充沛，水质较好，因此，取水构筑物宜设在冲、洪积扇的中上部，并与地下水流方向垂直布置。

3）在平原地区分布有很厚的第四纪层，常见的为冲积层。在河床附近，通常含水层较厚，透水性较好，且与河水有密切联系，常是首先考虑的取水地段。远离河床地区，含水层薄，有时还夹有黏土质。在一些大的河流中间，有广阔的沙洲，经常受河水补给，往往是良好的取水地段。

（3）应尽可能靠近主要用水地区。

（4）应有良好的卫生防护措施，免遭污染。在易污染地区，取水地点应尽可能设在居民区或工矿企业区的上游。

（5）应考虑施工、运转、维护管理方便，不占农田或少占农田。

（6）应注意地下水的综合开发利用。

2.3.3.2　地下水取水构筑物类型

从地下含水层取集表层渗透水、潜水、承压水和泉水等地下水的构筑物。有管井、大口井、辐射井、渗渠和泉室等类型。其适用范围见表 2.3.1。

表 2.3.1　地下水取水构筑物的类型、适用条件

形式	尺寸	深度	水文地质条件			出水量
			地下水埋深	含水层厚度	水文地质特征	
管井	井径为 50～1000mm，常用为 150～600mm	井深为 20～1000m，常用为 300m 以内	在抽水设备能解决的情况下不受限制	厚度一般在 5m 以上或有几层含水层	适用于任何砂、卵石地层	单井出水量一般为 500～6000m³/d，最大为 20000～30000 m³/d
大口井	井径为 2～12m，常用为 4～8m	井深为 30m 以内，常用为 6～20m	埋藏较浅，一般在 12m 以内	厚度一般在 5～20m	适用于渗透系数最好大于 20m/d 的砂砾地区	单井出水量一般为 500～10000m³/d，最大为 20000～30000 m³/d
辐射井	同大口井	同大口井	同大口井	能有效地开采水量丰富、含水层较薄的地下水和河床下渗透水	适用于补给条件良好、含水层为中粗砂或砾石的地层	单井出水量一般为 5000～50000m³/d
渗渠	管径为 0.5～1.5m，常用为 0.6～1.0m	埋深为 10m 以内，常用为 4～7m	埋藏较浅，一般在 2m 以内	厚度较薄，一般为 1～6m	适用于中砂、粗砂、砾石或卵石层	一般为 15～30 m³/(d·m)，最大为 50～100 m³/(d·m)

1. 管井

管井直径一般在 50～1000mm，深度一般在 300m 以内，单井出水量一般为 500～6000m³/d。主要由井室、井壁管、过滤器、沉淀管等组成。如图 2.3.12 所示。

（1）井室：用以安装各种设备的空间。

（2）井壁管：加固井壁，隔离水质不良或水头较低的含水层；一般用钢管做井壁。

（3）过滤器：集水，保持填砾与含水层的稳定，防止漏砂及堵塞。

（4）沉淀管：沉淀进入管井的砂粒。

管井适应性强，能用于埋藏较深，含水层厚度较大和多层次含水层，各种岩性、砂卵石地层，应用范围最为广泛。适应于开采深层地下水，在深井泵性能允许的情况下，不受地下水埋深限制。在含水层部位，设滤水管进水，防止砂砾进入井内。管井的提水设备一般为深井泵或深井潜水泵。

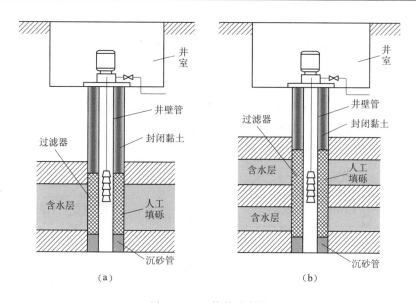

图 2.3.12 管井示意图

（a）单过滤器管井；（b）双过滤器管井

2. 大口井

大口井也称宽井，主要由井筒、井口和进水部分组成，如图 2.3.13 所示。井筒通常用钢筋混凝土浇筑或用砖、石等材料砌筑，钢筋混凝土井筒最下端应设置刃脚，用以在井筒下沉时切削土层，刃脚外缘应凸出井筒为 5～10cm。采用砖石结构的井筒，也需加用钢筋混凝土刃脚。井的口径通常为 2～12m。取水泵房可以和井身合建也可分建，也有几个大口井用虹吸管相连通后合建一个泵房的。大口井由井壁进水或与井底共同进水，井壁上的进水孔和井底均应填筑铺设一定级配的砂砾滤层，以防取水时进砂。单井出水量一般较管井为

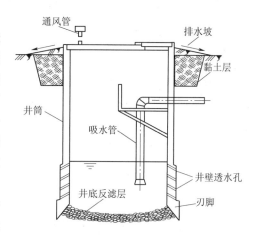

图 2.3.13 大口井示意图

大。适用于任何砂石、卵石、砾石层，但最好是渗透系数大于 20m/d、埋藏较浅的含水层。比较适合中小城镇、铁路及农村的地下水取水构筑物。

3. 辐射井

辐射井是由集水井（垂直系统）及水平的或倾斜的进水管（水平系统）联合构成的一种井型，属于联合系统的范畴。因水平进水管是沿集水井半径方向铺设的辐射状渗入管，故称这种井为辐射井。

辐射井适用于不能用大口井开采的、厚度较薄的含水层及不能用渗渠开采的厚度薄、埋深较大、砂粒较粗而不含漂卵石的含水层。从集水井壁上沿径向设置辐射井管借以取集地下水的构筑物，如图 2.3.14 所示。辐射管口径一般为 100～250mm，长度为 10～30m。

单井出水量大于管井。

辐射井在广西农村供水工程中应用较少。

4. 渗渠

渗渠由渗水管渠、集水井和检查井组成,如图2.3.15所示。特点是沿河床布设,可以达到很大的取水量(20万 m^3/d)。渗渠由集水管和反滤层组成。集水管可以为穿孔的钢筋混凝土管或浆砌块石暗渠。集水管口径一般为0.5~1.5m,长度为数十米至数百米。管外设置由砂子和级配砾石组成的反滤层。

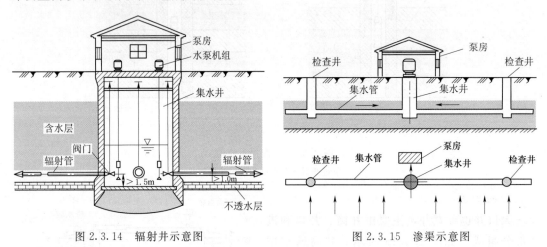

图 2.3.14 辐射井示意图 图 2.3.15 渗渠示意图

渗渠适用于埋深较浅、补给和透水条件较好的中砂、粗砂、砾石或卵石层含水层。最适宜于开采河床地下水或地表渗透水的取水构筑物。

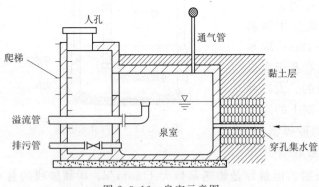

图 2.3.16 泉室示意图

5. 泉室

泉室是取集泉水的构筑物。对于由下而上涌出地面的自流泉,可用底部进水的泉室,其构造类似大口井。如图2.3.16所示。对于从倾斜的山坡或河谷流出的潜水泉,可用侧面进水的泉室。泉室可用砖、石、钢筋混凝土结构,应设置溢水管、通气管和放空管,并应防止雨水的污染。

2.3.4 集雨装置

雨水集蓄工程是指对降雨进行收集、汇流,存储并供给人畜饮水的一套系统。一般由集雨系统、输水系统、蓄水系统和供水系统组成。如图2.3.17所示。主要应用于广西大石山区的农村供水。

1. 集雨系统

集雨系统主要是指收集雨水的集雨场地。首先应考虑具有一定径流面积的地方作为集雨场，集雨场可以分成利用现有透水性较低的生活和生产设施表面，以及专门为集雨工程修建的人工集雨面两种。主要有居住的房屋屋面、农户的庭院地面、晒场或学校操场、天然坡面等。为了提高集流效率，减少渗漏损失，可考虑用不透水物质或防渗材料对集雨场表面进行防渗处理。

图 2.3.17　集雨装置示意图
1—径流场；2—落水管；3—输水管（沟）；
4—排水管（沟）；5—过滤池；6—水窖

2. 输水系统

输水系统是指输水管（渠）和截流沟。其作用是将集雨场上的来水汇集起来，引入沉沙池，而后流入蓄水系统。要根据各地的地形条件、防渗材料的种类以及经济条件等，因地制宜地进行规划布置。

3. 蓄水系统

蓄水系统包括水柜及其附属设施，其作用是存储雨水。

（1）水柜。水柜是顶部位于地面或地面以上的蓄水建筑物，容积 100～1000m³ 不等，多数采用圆形（也有为了施工方便而采用方形或长方形的）受力条件较好。砌筑材料通常是就地取材，采用浆砌石结构。

（2）主要附属设施。主要附属设施包括拦污栅、沉沙池、过程池等部分。

1）拦污栅。拦污栅一般设在沉沙池或过滤池的进水口，用于拦截水流中的杂物，如枯枝残叶、杂草等漂浮物以及砖块碎石等。拦污栅的结构简单，形式多样，可就地取材。拦污栅可用铁板、冷拔丝、钢筋或铁丝网制作，经济条件较差的地区，也可用竹条、木条制作。拦污栅缝隙宽度不超过 1cm，孔径不大于 1cm。

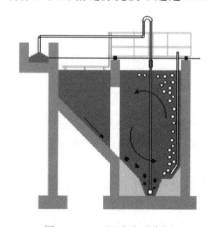

图 2.3.18　沉沙池示意图

2）沉沙池。在收集雨水过程中，水流会挟带泥沙进入蓄水工程，造成淤积，并使蓄积的雨水浑浊，水质变坏。特别当集流面是土质集流面时，泥沙含量更大。因此在输水渠末端进入水柜之前，要修建一个沉沙池，如图 2.3.18 所示。沉沙池一般做成矩形，硬化集流面和表面植被较好的集流面，水流中泥沙较少，或者土质集流面面积在 2000m² 以下的，沉沙池的长度、宽度和池深可分别采用为 1m、0.6m 和 0.5～0.8m。土质集流面面积大于 2000m² 时，沉沙池的长度、宽度和池深可分别采用为 1.5m、0.8m 和 0.6～1.0m。沉沙池的出水渠底比沉沙池底高出 0.3～0.5m。为了提高沉沙池的效率，可在沉沙池中修建一系列迷宫式隔墙。沉沙池的边墙可以用浆砌石、浆砌砖或浆砌预制混凝土块建造。采用砌砖时，在砌体迎水面上要抹一层水泥砂浆。

3）过滤措施。可以采取一些简单的办法进行过滤：

一种是在沉沙池后进行过滤，为了施工和维护方便以及节省材料，通常将过滤池同沉沙池修建在一起，将沉沙池的出水口作为过滤池的进水口。过滤池底部留出水口与进水管相连，过滤池的结构和修建材料一般与沉沙池相同，过滤池内用砂、石分层铺设，细颗粒在上，粗颗粒在下，水自上而下通过滤池，泥沙就被留在滤层内。使用一段时间后，要用水自下而上把留存的泥沙冲洗掉。

另一种是将过滤池设在水柜之后、饮水管之前，结构和做法与第一种情况相同。

还有一种过滤方法是在水柜中放置一根硬质塑料管，直径 10cm，一端用木塞堵死，一端套在水柜出水管或套在取水泵吸水管上，并加以固定。在塑料管壁上打直径 0.5cm 的小孔，孔间距可采用 2～3cm，然后用土工布把打了孔的管段包起来，用绳扎紧。当用水时，水中的泥沙就被过滤掉了。

2.4　供水管网系统基本知识

供水管网是供水系统的主要组成部分，就是使用管道来输送及分配水，按其使用功能可分为输水管和配水管网两部分。输水管只起到输送水的作用，不接出分配水的支管；而配水管网的主要作用是把水分配给用户使用。按照村镇供水的要求，主要就是供给用户所需要的水量，而且要保证足够的水压及不间断的供水。

2.4.1　给水管网系统的组成及类型

给水管网系统一般由输水管（渠）、配水管网、水压调节设施（泵站、减压阀）以及水量调节设施（清水池、水塔、高位水池）等构成。如图 2.4.1、图 2.4.2 所示。

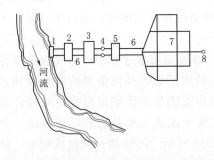

图 2.4.1　地表水源给水管道系统示意图
1—取水构筑物；2——级泵站；3—水处理构筑物；
4—清水池；5—二级泵站；6—输水管；7—管网；8—水塔

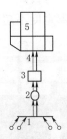

图 2.4.2　地下水源给水管道系统示意图
1—地下水取水构筑物；2—集水池；
3—泵站；4—输水管；5—管网

图 2.4.1 表示的为地表水源给水管道系统，从图中可以看到，水源为地表水源（主要有江河、湖泊、水库），经过水泵的加压和输水管道的输送来到自来水厂，经水厂对原水的净化处理后，存储于清水池里，根据村镇居民的需求进行二次加压后进入输水管道和配水管网供给至各用户。

图 2.4.2 表示的为地下水源给水管道系统，水源为地下水（主要有承压水和潜水），因为地下水的水质在未受污染的情况下，较地表水水源水质要优，所以一般情况下不再进行净化处理，通常经过消毒后即可由管网输送分配给用户。

给水管网系统主要有统一给水管网系统、分系统给水管网系统和不同输水方式的给水管网系统三种类型。

1. 统一给水管网系统

根据向管网供水的水源数目，统一给水管网系统可分为单水源给水管网系统和多水源给水管网系统两种形式。

（1）单水源给水管网系统：只有一个水源地，处理过的清水经过泵站加压后进入输水管网，所有用户的用水来源于一个水厂的清水池，较小的给水管网系统，如乡村给水管网系统，多为单水源给水管网系统。因为只有一个水源，所以系统简单，管理方便，但是也因为只有一个水源，所以用水的安全性不高，当水源受到污染时，会造成断水的现象。如图 2.4.3 所示。

（2）多水源给水管网系统：有多个水厂的清水池作为水源的给水管网系统，清水从不同的地点经输水管进入管网，用户的用水可以来源于不同的水厂。较大的给水管网系统，如跨乡镇的给水管网系统或城市管网系统，一般是多水源给水管网系统，如图 2.4.4 所示。多水源给水管网系统的特点是：调度灵活，供水安全可靠性高（水源之间可以互补），就近给水，动力消耗较小；管网内水压较均匀，便于分期发展。但随着水源数量的增多，管理的复杂程度也相应提高。

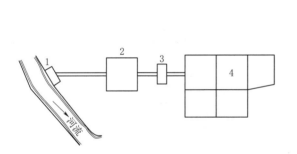

图 2.4.3　单水源给水管网系统示意图

1—取水构筑物；2—水厂；

3—泵房；4—给水管网

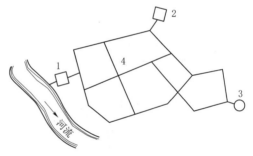

图 2.4.4　多水源给水管网系统示意图

1—地表水水源；2—地下水水源；3—水塔；4—给水管网

2. 分系统给水管网系统

分系统给水管网系统和统一给水管网系统一样，也可采用单水源或多水源供水。根据具体情况，分系统给水管网系统可分为：分区给水管网系统、分压给水管网系统和分质给水管网系统。

（1）分区给水管网系统。管网分区的形式有两种：一种是当村镇地形较平坦，功能分区较明显或自然分隔进行的分区。如图 2.4.5 所示为村镇被河流分隔，两岸企业和居民用水分别供给，自成给水系统，随着村镇发展，可再考虑将管网相互连通，成为多水源给水系统。另一种是因地形高差较大或输水距离较长而进行的分区。

又有串联分区和并联分区两类：如图 2.4.6 所示为并联分区，不同压力要求的区域有不同泵站（或泵站中有不同的水泵）供水；如图 2.4.7 所示为串联分区，设泵站加压（或

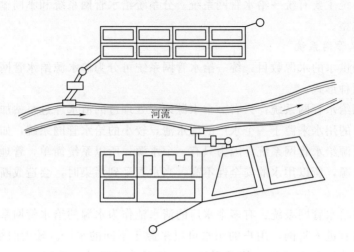

图 2.4.5 分区给水管网系统

减压措施）从某一区取水，向另一区供水。大型管网系统可能既有串联分区又有并联分区，以便更加节约能量。

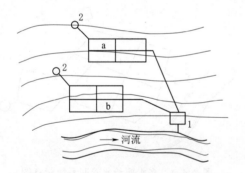

图 2.4.6 并联分区给水管网系统
a—高区；b—低区；1—净水厂；2—水塔

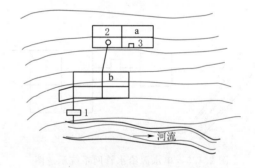

图 2.4.7 串联分区给水管网系统
a—高区；b—低区；1—净水厂；2—水塔；3—加压泵站

（2）分压给水管网系统。由于用户对水压的要求不同而分成两个或两个以上的系统给水，如图 2.4.8 所示。符合用户水质要求的水，由同一泵站内的不同扬程的水泵分别通过高压、低压输水管网送往不同用户。

（3）分质给水管网系统。因用户对水质的要求不同而分成两个或两个以上系统，分别供给各类用户，称为分质给水管网系统，如图 2.4.9 所示。

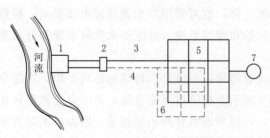

图 2.4.8 分压给水管网系统
1—净水厂；2—二级泵站；3—低压输水管；
4—高压输水管；5—低压管网；6—高压管网；7—水塔

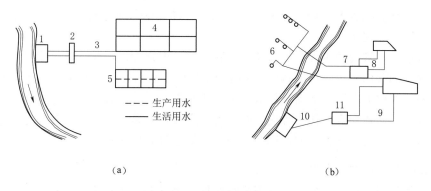

（a）　　　　　　　　　　　（b）

图 2.4.9　分质给水管网系统

（a）地表水源分质给水管网系统；（b）双水源分质给水管网系统

1—分质净水厂；2—二级泵站；3—输水管；4—居住区；5—工厂区；6—井群；7—地下水水厂；

8—生活用水管网；9—生产用水管网；10—取水构筑物；11—生产用水厂

3. 不同输水方式的给水管网系统

根据水源和供水区域地势的实际情况，可采用不同的输水方式向用户供水。如重力输水管网系统或水泵加压输水管网系统。

2.4.2　给水管道工程规划与布置

1. 给水管道布置原则

给水管道的规划布置应符合下列基本原则：

（1）按照村镇总体规划，结合当地实际情况布置给水管网，并进行多方案技术经济比较。

（2）管线应均匀地分布在整个给水区域内，保证用户有足够的水量和水压，并保持输送的水质不受污染。

（3）力求以最短距离敷设管线，并尽量减少穿越障碍物等。

（4）必须保证供水安全可靠。

（5）尽量减少拆迁，少占农田或不占农田。

（6）管渠的施工、运行和维护方便。

（7）规划布置时，应近期和远期相结合，充分考虑分期建设的可能性，并且留有发展的余地。

给水管网的规划布置主要受给水区域下列因素影响：地形起伏情况；天然或人为障碍物及其位置；街道情况及其用户的分布情况，尤其是大用户的位置；水源、水塔、水池的位置等。

2. 给水管道布置的基本形式

给水管道布置一般有树状管网和环状管网两种形式。

3. 给水管道的定线

给水管道定线是指在地形平面图上确定管线的位置和走向。定线时干管的延伸方向应与水流方向基本一致。干管位置，应从用水量较大的街区通过。干管的间距，一般为500～800m，连接管之间的间距一般为800～1000m。干管一般按乡镇规划道路定线，尽量避免在高级路面或重要道路下通过，给水管线与构筑物、铁路以及其他管道的水平净距，均应参照有关规定。

为了保证给水管网的正常运行以及消防和管网的维修管理工作，管网上必须安装各种必要的附件（如阀门、消防栓、排气阀和泄水阀等）。阀门是控制水流、调节流量和水压的重要设备，阀门的布置应能满足故障管段的切断需要，其位置可结合连接管或重要支管的节点位置；消防栓应设在使用方便、明显易见之处，如路口、道边等位置。在干管的高处应装设排气阀；在管线低处和两阀门之间的低处，应装设泄水管。

2.4.3 给水常用管材和配件

我国给水管材经历了品种单一、卫生标准低、缓慢发展的过去与品种多样、卫生标准提高快、更新发展迅速的现在。沿用了近三十年的不镀锌钢管（黑铁管），包括曾经被视作提高建筑标准档次象征之一的镀锌钢管，现在已经被部分淘汰（冷镀锌钢管）；为节省钢材，20世纪50年代推广使用的钢筋混凝土管（预应力钢筋混凝土管和自应力钢筋混凝土管），可承受较高的工作压力（0.40～1.20MPa）、耐腐蚀、价格低廉（和金属管材相比）、经久耐用，不会减少水管的输水能力，但自重大、质地硬而脆、怕碰撞、接口易渗漏、管沟沟底平整坚实要求高、配件缺乏给日后维修增加难度，现在用量正逐渐减少；塑料管具有较好的防腐与抗震能力，有一定的抗拉抗弯曲的弹性，表面光滑、水力条件好、耐冻性能比金属管强、重量轻，但由于管材承受压力不够高、质脆易老化，而且价格昂贵，仅用于室内的小口径管道上。

2.4.3.1 村镇给水管材的性能和要求

村镇供水管网是供水系统中造价最高并且是极为重要的组成部分。供水管网由众多水管段连接而成，常用水管一般为工厂现成的产品，运到施工工地后进行埋管和接口的施工。

根据水管施工工作条件，水管性能需满足以下要求：

（1）有足够的强度，可以承受各种内外荷载。

（2）水密性要好，这是保证管网有效而经济地工作的重要条件。如因管线的水密性差以致经常漏水，无疑会增加管理费用、导致经济上的损失。同时，网管漏水严重时也会冲刷地层而引起安全事故。

（3）水管内壁面应光滑以减小水头损失，降低运行费用。

（4）价格较低，使用年限较长，并且有较高的防止水和土壤侵蚀的能力。

2.4.3.2 常用管材材质

常用的给水管材有PE管、PP-R（三型聚丙烯或无规共聚聚丙烯）管、UPVC（硬聚氯乙烯）管、钢塑复合管、铝塑复合管、焊接钢管、不锈钢管、热镀锌、铜管、球墨铸铁管等。它们的价格以金属类最贵，其次是衬塑管，最经济的是塑料管。安全可靠性和它们的价格成正比。

1. 铸铁管

铸铁管指铸铁浇铸成型的管子，按材质可分为灰口铸铁管（也称连续铸铁管）和球墨铸铁管，如图2.4.10所示。

灰口铸铁管在生活饮用水供水管道中不可使用。球墨铸铁管具有铁的本质、钢的性能，防腐性能优异、延展性能好，密封效果好，安装简易，具有很高的性价比，其综合经济费用低于钢管，使用寿命为钢管的 3～5 倍。

球墨铸铁管采用推入式楔形胶圈柔性接口，如图 2.4.11 所示，允许有一定限度的转角和位移，也可用法兰接口，施工安装方便，接口的水密性好，有适应地基变形的能力，抗震效果也好，是一种理想的给水管材。

图 2.4.10　铸铁管实物图　　　　　　图 2.4.11　铸铁管楔形胶圈放置示意图

2. 钢管

钢管应用历史较长，范围广，是一种传统的输水管材。钢管有无缝钢管（图 2.4.12）和焊接钢管（图 2.4.13）两种。钢管的特点是能耐高压、耐振动、重量较轻、单管的长度大且接口方便，但耐腐蚀性差，使用寿命一般不超过 25 年。为延长钢管寿命，需对其进行防腐处理和保护，可采用涂料加牺牲阳极的复合防腐措施使钢管寿命达 50 年，但施工复杂，工期长，造价较高，在给水管网中，通常只在大管径和水压高处，以及因地质、地形条件限制或穿越铁路、河谷和地震区使用。

图 2.4.12　无缝钢管实物图　　　　　　图 2.4.13　焊接钢管实物图

3. 预应力钢筋混凝土管

预应力钢筋混凝土管分普通（图 2.4.14）和加钢套筒（图 2.4.15）两种。预应力钢套筒混凝土管是在预应力钢筋混凝土管内放入钢筒，其用钢材量比钢管省，价格比钢管便宜。其接口为承插式，承口环和插口环均用扁钢压制成型，与钢筒焊成一体。预应力钢筋混凝土管的特点是造价低，管壁光滑，水力条件好，耐腐蚀，但重量大，不便于运输和安装。

4. 玻璃钢管

如图 2.4.16 所示，玻璃钢管全称缠绕玻璃纤维增强热固树脂夹砂管，该工艺是以树

图 2.4.14　普通预应力钢筋混凝土管实物图

图 2.4.15　加钢套筒预应力钢筋混凝土管实物图

图 2.4.16　玻璃钢管实物图

脂为基本材料，玻璃纤维及其制品为增强材料，以石英砂为填充材料而制成的新型复合管材，采用承插式连接，橡胶圈止水，能长期保持较高的输水能力，还具有强度高、耐腐蚀、不结垢、内壁光滑，粗糙系数小、水力性能好，重量轻，运输施工方便等特点，可在强腐蚀性土壤中采用，但其价格较高，几乎跟钢管接近。

5. 硬聚氯乙烯（UPVC）管

图 2.4.17　硬聚氯乙烯管实物图

如图 2.4.17 所示，UPVC 管是一种以聚氯乙烯（PVC）树脂为原料，不含增塑剂的塑料管材，具有耐酸碱、耐腐蚀、不生锈、不结垢、柔软性好的优点，UPVC 管内壁光滑，阻力小，同时具用重量轻、运输方便的优点，其搬运、装卸施工都十分方便，能减轻工人的劳动强度，缩短施工周期。UPVC 管道生产中使用的含铅稳定剂，会使铅溶解到水中，影响用水卫生。随着化学工业技术的发展，卫生性能更好的有机锡、稀土、钙－锌复合剂等稳定剂体系的应用，使 UPVC 管道系统完全不含铅，达到国家《生活饮用水输配水设备及防护材料的安全性评价标准》（GB/T 17219—1998）的要求。

6. 超高分子量聚乙烯（HDPE）管

如图 2.4.18 所示，超高分子量聚乙烯管是一种新型工程塑料管道，具备了耐化学腐蚀、抗内、外部及微生物腐蚀，强耐磨性和优异的液压性，在埋地管道可无需外层保护；具有良好的环境适应性和抗冻性，可用于室内和室外给水管道；管道连接采用电热熔焊接工艺（图 2.4.19），接头的强度高于管道本体强度，有效防止结点渗漏和开裂；低温抗冲击性好，聚乙烯的低温脆化温度极低，可在 $-60 \sim 60 ℃$ 范围内安全使用。冬季施工时，因材料抗冲击性好，不会发生管体脆裂；抗应力开裂性好，HDPE 具有低的缺口敏感性、高的剪切强度和优异的抗刮痕能力，耐环境应力开裂性能也非常突出；耐老化，使用寿命长，含有 $2 ‰ \sim 2.5 ‰$ 均匀分布的炭黑聚乙烯管道能够在室外露天存放或使用 50 年，不会因遭受紫外线辐射而损害；可挠性好，HDPE 管道的柔性使得它容易弯曲，工程上可通过改变管道走向的方式绕过障碍物，在许多场合，管道的柔性能够减少管件用量并降低安装费用。水流阻力小，HDPE 管道具有光滑的内表面，具有较传统管材更高的输送能力，同时也降低了管路的压力损失和输水能耗；具有良好的卫生性能，HDPE 管加工时不添加重金属盐稳定剂，材质无毒性，无结垢层，不滋生细菌，很好地解决了饮用水的二次污染。

图 2.4.18　超高分子量聚乙烯（HDPE）管实物图

图 2.4.19　热熔连接操作图

7. 钢塑复合管

如图 2.4.20 所示，以无缝钢管、焊接钢管为基管，内壁涂装高附着力、防腐、食品级卫生型的聚乙烯粉末涂料或环氧树脂涂料，是防腐、耐侵蚀、无毒、无辐射的绿色环保管材。保留了传统金属管材的刚度及强度，远远优于塑料管、铝塑管。具有内壁光滑、摩擦阻力小、不结垢的特点，外壁更加美观豪华；重量轻、韧性好、耐冲击、耐压强度高；适用温度更宽（$-30 \sim 100 ℃$）；与管件连接方式可采用绞丝、承插、法兰、沟槽、焊接等多种方式，省工省力；与管件连接部位热膨胀系数差小，更安全

图 2.4.20　钢塑复合管实物图

可靠；价格性能比合理，较球墨铸铁管稍高，但比铜管、不锈钢管更经济。

2.4.3.3 供水管网附件（图2.4.21）

1. 阀门

阀门用来调节管线中的流量或水压。阀门的布置要数量少而调度灵活。主要管线和次要管线交接处的阀门常设在次要管线上。常用阀门主要有闸阀和蝶阀两类。

2. 止回阀

止回阀是限制压力管道中的水流朝一个方向流动的阀门。阀门的闸板可绕轴旋转。水流方向相反时，闸板因自重和水压作用而自动关闭。止回阀一般安装在水压大于196kPa的泵站出水管上，防止因突然断电或其他事故时水流倒流而损坏水泵设备。

3. 排气阀和泄水阀

排气阀使管线投产时或检修后通水时，管内空气可通过此阀排除，平时用以排出从水中释出的气体。泄水阀排除水管中的沉淀物以及检修时放空水管内的存水。

4. 消火栓

消火栓分地上式和地下式两种，一般后者适用于气温较低的地区。地上式消火栓布置在交叉路口消防车可以驶近的地方。地下式消火栓安装在阀门井内。

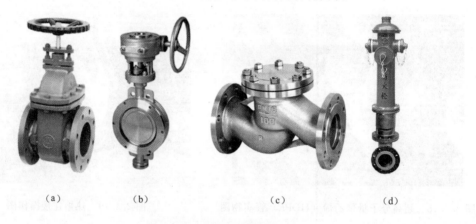

(a)　　　　　　(b)　　　　　　　　(c)　　　　　　(d)

图2.4.21　供水管网附件

(a) 闸阀；(b) 蝶阀；(c) 止回阀；(d) 消火栓

2.4.3.4 供水管网附属构筑物（图2.4.22）

1. 阀门井

管网中的附件一般是安装在阀门井内。阀门井的平面尺寸，取决于水管直径以及附件的种类和数量。但应满足阀门操作和安装拆卸各种附件所需的最小尺寸。井的深度由水管的埋设深度确定。

井底到水管承口或法兰盘底的距离至少为0.1m，法兰盘和井壁之间的距离宜大于0.15m，从承口外缘到井壁的距离应在0.3m以上，以便于接口施工。

阀门井一般用砖砌，也可以用石砌或者钢筋混凝土建造。

当直径小的阀门可以用阀门套筒，直径大的，则用阀门井。地下水位较高处的阀门井，井底和井壁应不透水，在水管穿越井壁处应保持足够的水密性。阀门井应有抗浮的稳定性。

2. 管道支墩

当管道转弯角度<10°时，可以不设置支墩。

在管径>600mm的管线上，水平敷设时应尽量避免选用90°弯头，垂直敷设时应尽量避免使用45°以上的弯头。

支墩后背必须为原状土，支墩与土体应紧密接触，倘若有空隙需用与支墩相同材料填实。支撑水平支墩后背的土壤，最小厚度应大于墩底在设计地面以下深度的3倍，如图2.4.22（b）所示。

（a）　　　　　　　　　　　　　　　　（b）

（c）　　　　　　　　　　　　　　　　（d）

图2.4.22　供水管网附属构筑物

（a）阀门井；（b）管道支墩；（c）水塔；（d）水池

3. 管线穿越障碍物

当供水管线通过铁路、公路和河谷时，必须采取一定的措施。

管线穿过铁路时，其穿越地点、方式和施工方法，应严格按照铁路部门穿越铁路的技术规范执行。根据铁路的重要性，采取以下措施：穿越临时铁路或一般公路，或非主要路线且水管埋设较深时，可以不设套管，但应尽量将铸铁管接口放在两股道之间，并且用青铅接头，钢管则应有相应的防腐措施；穿越较重要的铁路或交通频繁的公路时，水管须放在钢筋混凝土套管内，套管直径根据施工方法而定，大开挖施工时应比给水管直径大300mm，顶管法施工时，顶进管径应较供水管的直径大600mm。穿越铁路或公路时，水管管顶应在铁路路轨底或公路路面以下1.2m左右。管道穿越铁路时，两端应设检查井，井内设阀门或排水管等。

管线穿越河川山谷时，可利用现有桥梁架设水管，或敷设倒虹管，或建造水管桥。

给水管架设在现有桥梁下穿越河流最为经济，施工和检修比较方便，通常水管架在桥梁的人行道下。

倒虹管从河底穿越，其优点是隐蔽，不影响航运，但施工和检修不便。倒虹管一般用钢管，并须加强防腐措施。当管径小、距离短时可用铸铁管，但应采用柔性接口。倒虹管设置一条或两条，在两岸应设阀门井。阀门井顶部标高应保证洪水时不致淹没。井内有阀门和排水管。

倒虹管顶在河床下的深度，一般不小于 0.5m，但在航道线范围内不应小于 1m。

4. 调节构筑物

调节构筑物用来调节管网内的流量，有清水池、水塔和水池等。建于高地的水池其作用和水塔相同，既能调节流量，又可保证管网所需的水压。当供水区域靠山或有高地时，可根据地形建造高地水池。如供水区域附近缺乏高地，或因高地离供水区域太远，以致建造高地水池不经济时，可建造水塔。农村供水和工矿企业等建造水塔以保证水压的情况并不少见。

(1) 水塔。多数水塔采用钢筋混凝土或砖石等建造，但以钢筋混凝土水塔或砖支座的钢筋混凝土水柜用得较多。钢筋混凝土水塔的构造主要由水柜（或水箱）、塔体、管道及基础组成。进、出水管可以合用，也可以分别设置。为防止水柜溢水和将柜内存水放空，需要设置溢水管和排水管。溢水管上不应设阀门。排水管从水柜底接出，管上设阀门。水塔顶应有避雷设施。在寒冷有冰冻的地区，应在水柜外壁做保温防冻层。

(2) 水池。应有单独的进水管和出水管，此外应有溢水管，溢水管管径和进水管相同，管端设有喇叭口，管上不设阀门。水池的排水管接到集水坑内，管径一般按 2h 内将池水放空计算。容积在 1000m³ 以上的水池，至少应设两个检修孔。为使池内自然通风，应设若干通风孔，高出水池覆土面 0.7m 以上。

2.5 净水处理构筑物基本知识

2.5.1 水处理工艺概述

2.5.1.1 以地下水为水源的净水处理工艺

地下水特别是承压地下水，上面覆盖了不透水层，可以防止由于地面渗透造成的污染，所以直接遭受污染的机会很少，使其具有杂质少、浑浊度低、水温稳定的特点，一般来说原水的水质卫生条件较好。

当村镇水厂抽取的地下水水质良好，符合《地下水质量标准》（GB/T 14848—2017）时，水厂净水工艺流程通常会比较简单，仅需要投加消毒剂以避免管网滋生微生物就可以使用了，运行管理也不复杂，其工艺流程见图 2.5.1。

2.5.1.2 以地表水为水源的净水处理工艺

地表水因其种类很多，所以其水质差异很大。江河、湖泊、水库的水与大气环境相接触，其周边人类生活生产活动排放的污水、粉尘很容易污染水体，降雨带来的水土流失也往往会使地表水水质、水量具有明显的季节性和不稳定性。

浊度（NTU）也叫浑浊度，表示水的浑浊程度，是反映水中悬浮物和胶体颗粒含量的水质状态替代指标。水中悬浮物和胶体颗粒一般主要

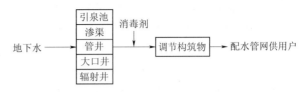

图 2.5.1　地下水净水处理工艺流程图

是泥沙。浊度既能反映悬浮物和胶体颗粒的浓度，同时又是人的感官对水质的最直接评价。

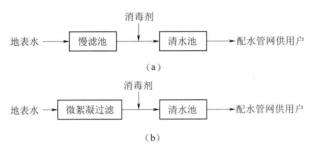

图 2.5.2　村镇水厂地表水净水处理工艺流程图
（a）慢滤净水工艺；（b）微絮凝净水工艺

1. 直接过滤的净水处理工艺

当原水浑浊度常年不超过20NTU，偶尔不超过 60NTU，其水质符合《地表水环境质量标准》（GB/T 3838—2002）Ⅲ类（主要适用于集中式生活饮用水地表水源地二级保护区）以上时，村镇水厂净水工艺一般流程见图 2.5.2。

（1）慢滤净水工艺。慢滤净水工艺比较简单，适合村镇小规模的水厂使用，如图 2.5.3 所示。它的运行管理有两个特点：一是过滤的水流速度很慢；二是在过滤初期存在一个称为成熟期的时间段。新建的慢滤池要在连续运行1～2周后，才能滤出清洁干净的过滤水。在初始的1～2周内，过滤水仍然是浑浊的，这段时间称为成熟期，在这段时间主要是滤层的顶部几厘米厚的砂粒会由松散变得发黏，慢慢形成一层生物膜，这层膜主要是由藻类、原生生物和细菌等微生物在这层里大量繁殖所形成的。生物膜形成后，它可以直接截留悬浮物和胶体颗粒，更主要的是附着在滤料颗粒表面的微生物，如

图 2.5.3　慢滤池净水方式

藻类和细菌分泌的酶，可以使胶体失去稳定性而被黏附在砂粒上，同时微生物也可以通过生物氧化作用使一些有机物质因氧化分解而得以去除。

慢滤池在运行的过程中，由于悬浮物和胶体颗粒不断累积在滤膜内，水流的阻力会慢慢增加，过滤的速度也会慢慢地减小，所以一般在运行2～3个月后需停止运行，把滤料表层2～5cm的砂刮除掉，对刮除出来的砂粒进行清洗，清洗完毕后回铺。若刮出的滤砂磨损严重，就需更换新的符合要求的新滤料。滤料清洗后需重新经历一个成熟期，但这个时期的时间比较短，一般2～3天即可。

慢滤池的出水水质较好，运行成本也低，不用投加混凝剂，所以特别适用于具有水源涵养或植被条件好的山丘区溪流水、泉水等净水处理。如果有地形高差时，应尽量采用重力流慢滤供水系统。

（2）微絮凝过滤净水工艺。微絮凝过滤也叫直接过滤或接触过滤，它是指原水经过加药混合后直接进入滤池的过滤，不需要絮凝和沉淀处理，适用于原水浑浊度常年低于 20NTU 的情况。采用这种工艺，水厂的占地面积小，建设费用低，药剂的使用量少，所产生的污泥量也少，所以运行成本相对较低；但由于原水与药剂混合后直接进入滤池，缺少了常规处理工艺中的絮凝和沉淀所提供的缓冲作用时间，并且运行时需随时注意原水和出水的水质情况来调整药剂的投加量，对操作管理的要求较高。

微絮凝直接过滤的原水浊度比常规处理工艺的滤池进水浊度要高，因此要求悬浮物在滤层中要尽量穿透到深层一些，从而使滤料层能截留更多的悬浮固体，而又不会使水头损失过大，因此一般多采用双层滤料。为了防止进入滤层深处的悬浮固体可能产生的泄漏，所以在处理温度和浊度较低的水时，可以通过增加投药量以及加投少量助凝剂来加强絮体的强度。

2. 常规净水工艺

当原水浊度长期不超过 500NTU、偶尔不超过 1000NTU，水质符合《地表水环境质量标准》（GB/T 3838—2002）Ⅲ类以上水体要求时，水厂采用常规净水工艺时需投加混凝剂和消毒剂，具体工艺流程及水厂实物图如图 2.5.4 和图 2.5.5 所示。

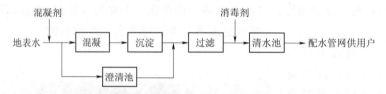

图 2.5.4　地表水常规净水处理工艺流程图

图 2.5.5　常规处理水厂实物图

由图 2.5.4 可知，常规净水工艺由混凝、沉淀、过滤和消毒组成，所处理的对象主要是水中的悬浮物、胶体杂质以及细菌和病毒等。其原理：向具有一定浑浊度的原水中投加混凝剂，在混合装置中经过混合器高速均匀混合 10～30s，使胶体颗粒失去稳定性，在絮凝阶段水中悬浮物和胶体颗粒形成易于沉淀的大颗粒絮体；然后通过沉淀进行泥水分离，分离出来的上清液进入具有孔隙的粒状滤料（如石英砂、无烟煤等）的滤池，过滤掉水中尚存的细小颗粒使水澄清。

（1）混合：混合是使投入水中的混凝剂能够快速均匀地扩散到被处理的水中，为絮凝创造良好的条件。村镇水厂的常规混合方式有水力混合和机械混合。具体的设施形式多采用管道混合器，无任何机械运动部件，全部为水力过程，安装和使用方便；机械混合则是在池内设置机械桨板，需消耗电能，管理和维护较为复杂些。

（2）絮凝：在整个净水处理过程中，絮凝是十分重要的一个环节，其效果的好坏会影响沉淀和过滤出水水质。

絮凝就是使加入药剂后具有凝聚性能的胶体在一定的外力扰动下相互碰撞、失去稳定性发生聚集后形成较大的絮体颗粒的过程，完成这一过程的池体称为絮凝池。絮凝池的类型很多，村镇水厂常用的有隔板絮凝池、折板絮凝池、穿孔旋流絮凝池及网格（栅条）絮凝池。

絮凝池在运行管理时，应控制好池中水的流速、速度梯度以及水在絮凝池的停留时间；经常检测絮凝池出口处的矾花大小，了解沉淀性能，从而及时调整加药量；根据原水浊度的高低及时排除池底的沉泥。如池子停止运行，应把池体沉泥彻底清除干净。

（3）沉淀：经过前面的絮凝过程，生成的絮体在沉淀池中依靠重力沉降作用进行固液分离，使浊度降低的这个过程即为沉淀。该过程能够去除80%～90%的悬浮固体，使出水浑浊度降至5NTU以下，村镇水厂常用的沉淀池型有平流沉淀池和斜管沉淀池。

沉淀池在运行时，一是要掌握原水水质和处理水量的变化情况，一般要求2～4h测一次原水浊度、pH值、水温；二是在出水量变化前调整加药量，在水源水质变差时增加混凝剂的投加量，防止断药事故，在水质变化频繁的季节，如洪水、台风、暴雨季节更要加强管理；三是及时地排泥，若池内积泥厚度升高，则会缩小沉淀的过水断面面积，进而会缩短沉淀停留时间，降低沉淀效果，但排泥也不能过于频繁，否则会增加耗水量；四是防止藻类滋生，可采取在源水中预投加氧化剂（如氧、高锰酸钾、二氧化氯等）来抑制。此外，还要保持沉淀池内的清洁卫生。

（4）过滤：过滤是使经过沉淀的水通过粒状滤料或多孔介质进一步去除水中杂质的过程。在此过程中，进一步降低水的浊度的同时，还能去除水中部分有机物、细菌和病毒。对于以地表水为水源的水厂，过滤是整个处理过程的关键，对保证水质作用重大。

滤池滤料的选择是滤池建设与运行管理的关键，当滤层堵塞到一定程度后，就需要进行反冲洗，才能恢复滤池的过滤能力。

（5）消毒：消毒的作用主要是灭活水中的致病微生物，通常在过滤后进行。主要的方法是向水中投加消毒剂来杀灭致病微生物。我国普遍采用的消毒剂有液氯、二氧化氯、漂白粉及次氯酸钠等。臭氧消毒也是一种消毒方法。

2.5.1.3 高浊度的水净水处理工艺

高浊度的水是指浑浊度很高、含泥量很大的原水，一般是由于雨季降雨强度过大所致。

当原水浊度经常超过500NTU，偶尔超过3000NTU，其水质除浊度外均符合《地表水环境质量标准》（GB/T 3838—2002）Ⅲ类以上水体要求时，水厂净水工艺增加了预沉淀工序，其工艺流程如图2.5.6所示。

图2.5.6 地表水高浊度水处理工艺流程图

预沉淀的方法很多，对于乡镇水厂，预沉淀宜采用天然池塘或是人工水池进行自然沉淀。自然沉淀时水在池内停留时间会较长，但可取得较好的沉淀效果。当自然沉淀不能满足出水水质要求时，可在池前投加混凝剂和助凝剂，以加速沉淀；也可采用水力旋流沉砂池、辐流沉淀池、平流沉淀池等。

当预沉池的出水浊度高于500NTU时，在预沉池出水的位置投加混凝剂，混合后进入絮凝池；当预沉池的出水浊度低于500NTU时，投加量随预沉淀池出水含沙量而定。高浊度的水投加助凝剂后有助于泥沙加快沉淀。

2.5.2 混凝

混凝包括混合和絮凝两个过程，处理的对象主要是水中的悬浮物和胶体杂质，它们是造成水浑浊的根本原因，其自然沉降是极其缓慢的，在停留时间有限的水处理构筑物内不可能沉降下来。混凝处理是水质净化工艺中十分重要的环节，混凝过程的完善程度对后续处理影响很大，要充分重视。本节主要介绍影响混凝效果的主要因素，常用的混凝剂和助凝剂的种类、性质和适用条件，混凝剂的储存、配制、传输、投加、计量的设备及系统，混凝的技术要求及其设备。

2.5.2.1 混凝的机理

水处理工程中的混凝现象比较复杂。不同种类混凝剂以及不同的水质条件，混凝机理都有所不同。混凝的目的，是为了使胶体颗粒能够通过碰撞而彼此聚集。实现这一目的，就要消除或降低胶体颗粒的稳定因素，使其失去稳定性。

胶体颗粒的脱稳可分为两种情况：一种是通过混凝剂的作用，使胶体颗粒本身的双电层结构发生变化，致使 ξ 电位降低或消失，达到胶体稳定性破坏的目的；另一种就是胶体颗粒的双电层结构未有多大变化，而主要是通过混凝剂的媒介作用，使颗粒彼此聚集。

目前普遍用四种机理来定性描述水的混凝现象。包括压缩双电层作用机理、吸附和电荷中和作用机理、吸附架桥作用机理、沉淀物网捕作用机理。

2.5.2.2 影响混凝效果的主要因素

1. 水温

水温对混凝效果有较大的影响，水温过高或过低都对混凝不利，最适宜的混凝水温为20～30℃。

水温低时，絮凝体形成缓慢，絮凝颗粒细小，混凝效果较差，原因如下：

（1）因为无机盐混凝剂水解反应是吸热反应，水温低时，混凝剂水解缓慢，影响胶体颗粒脱稳。

（2）水温低时，水的黏度变大，胶体颗粒运动的阻力增大，影响胶体颗粒间的有效碰撞和絮凝。

（3）水温低时，水中胶体颗粒的布朗运动减弱，不利于已脱稳胶体颗粒的异向絮凝。

水温过高时，混凝效果也会变差，主要由于水温高时混凝剂水解反应速度过快，形成的絮凝体水合作用增强、松散不易沉降；在污水处理时，产生的污泥体积大，含水量高，不易处理。

2. pH 值

水的 pH 值对混凝效果的影响很大，主要从两方面产生影响。一方面，不同的 pH 值下胶体颗粒的表面电荷和电位不同，所需要的混凝剂量也不同；另一方面，不同混凝剂的最佳水解反应所需要的 pH 值范围不同。因此，水的 pH 值对混凝效果的影响也因混凝剂种类而异。例如，聚合氯化铝的最佳混凝除浊 pH 值范围为 5～9。

3. 碱度

由于混凝剂加入原水中后，会发生水解反应，反应过程中要消耗水的碱度，特别是无机盐类混凝剂，消耗的碱度更多。如果水的 pH 值超出混凝剂最佳混凝 pH 值范围，将使混凝效果受到显著影响。当原水碱度低或混凝剂投量较大时，通常需要加入一定量的碱性药剂如石灰等来提高混凝效果。

4. 悬浮物含量

浊度高低直接影响混凝效果，过高或过低都不利于混凝。对于以去除浑浊度为主的地表水，主要的影响因素是水中的悬浮物含量。水中悬浮物含量过高时，所需铝盐或铁盐混凝剂投加量将相应增加。为了减少混凝剂用量，通常投加高分子助凝剂。对于高浊度原水处理，采用聚合氯化铝具有较好的混凝效果。水中悬浮物浓度很低时，颗粒碰撞速率大大减小，混凝效果差。为提高混凝效果，可以投加高分子助凝剂，如活化硅酸或聚丙烯酰胺等，通过吸附架桥作用，使絮凝体的尺寸和密度增大；投加黏土类矿物颗粒，可以增加混凝剂水解产物的凝结中心，提高颗粒碰撞速率并增加絮凝体密度；也可以在原水投加混凝剂后，经过混合直接进入滤池过滤。

5. 水中有机污染物的影响

水中有机物对胶体有保护稳定作用，即水中溶解性的有机物分子吸附在胶体颗粒表面形成一层有机涂层，将胶体颗粒保护起来，阻碍胶体颗粒之间的碰撞，阻碍混凝剂与胶体颗粒之间的脱稳凝集作用，因此，在有机物存在条件下，胶体颗粒比没有有机物时更难脱稳，混凝剂需要量增大。可投加高锰酸钾、臭氧、氯等预氧化剂，但需考虑是否产生有毒作用的副产物。

6. 混凝剂种类与投加量的影响

由于不同种类混凝剂的水解特性和使用的水质情况不完全相同，因此应根据原水水质情况优化选用适当的混凝剂种类。对于无机盐类混凝剂，要求形成能有效压缩双电层或产生强烈电中和作用的形态，对于有机高分子絮凝剂，则要求有适量的分子量较大的官能团和聚合结构。一般情况下，混凝效果随混凝剂投量增高而提高，但当混凝剂的用量达到一定值后，混凝效果达到顶峰，再增加混凝剂用量则会发生再稳定现象，混凝效果反而下降。理论上最佳投量是使混凝沉淀后的净水浊度最低，胶体滴定电荷与 ζ 电位值都趋于 0。但由于考虑成本问题，实际生产中最佳混凝剂投量通常兼顾净化后水质达到《国家饮用水标准》（GB 5749—2006）并使混凝剂投量最低。

7. 混凝剂投加方式的影响

混凝剂投加方式有干投和湿投两种。由于固体混凝剂与液体混凝剂甚至不同浓度的液体混凝剂之间，能压缩双电层或具有电中和能力的混凝剂水解形态不完全一样，因此投加到水中后产生的混凝效果也不一样。如果除投加混凝剂外还投加其他助凝剂，则各种药剂之间的投加先后顺序对混凝效果也有很大影响，必须通过模拟实验和实际生产实践确定适宜的投加方式和投加顺序。

8. 水力条件影响

投加混凝剂后，混凝过程可分为快速混合与絮凝反应两个阶段，但在实际水处理工艺中，两个阶段是连续不可分割的，在水力条件上也要求具有连续性。由于混凝剂投加到水中后，其水解形态可能快速发生变化，通常快速混合阶段要使投入的混凝剂迅速均匀地分散到原水中，这样混凝剂能均匀地在水中水解聚合并使胶体颗粒脱稳凝集，快速混合要求有快速而剧烈的水力或机械搅拌作用，而且短时间内完成。进入絮凝反应阶段后，要使已脱稳的胶体颗粒通过异向絮凝和同向絮凝的方式逐渐增大成具有良好沉降性能的絮凝体，因此，絮凝反应阶段搅拌强度和水流速度应随絮凝体的增大而逐渐降低，避免已聚集的絮凝体被打碎而影响混凝沉淀效果。同时，由于絮凝反应是一个絮凝体逐渐增长的缓慢过程，如果混凝反应后需要絮凝体增长到足够大的颗粒尺寸而通过沉淀去除，则需要保证一定的絮凝作用时间，如果混凝反应后是采用气浮或直接过滤工艺，则反应时间可以大大缩短。

在混合阶段，异向絮凝占主导地位。药剂水解、聚合及颗粒脱稳进程很快，故要求混合快速剧烈，通常搅拌时间为 $10\sim30s$，一般 G 值为 $500\sim1000s^{-1}$。在絮凝阶段，同向絮凝占主导地位。絮凝效果不仅与 G 值有关，还与絮凝时间 T 有关。在此阶段，既要创造足够的碰撞机会和良好的吸附条件，让絮体有足够的成长机会，又要防止生成的小絮体被打碎，因此搅拌强度要逐渐减小，反应时间相对加长，一般为 $15\sim30min$，平均 G 值为 $20\sim70s^{-1}$，平均 GT 值为 $1\times10^4\sim1\times10^5$。

2.5.2.3 混凝剂（图 2.5.7）

聚合氯化铝　　　　碱式氯化铝　　　　聚丙烯酰胺　　　　聚合氯化铁

图 2.5.7 村镇水厂常用混凝剂与助凝剂

为了使胶体颗粒脱稳聚集所投加的药剂，统称混凝剂，混凝剂具有破坏胶体稳定性和促进胶体絮凝的功能。习惯上把低分子电解质称为凝聚剂，这类药剂主要通过压缩双电层和电性中和机理起作用。把主要通过吸附架桥机理起作用的高分子药剂，称为絮凝剂。

混凝剂的基本要求是：混凝效果好，对身体健康无害，适应性强，使用方便，货源可靠，价格低廉。

混凝剂种类较多，可将它分成无机和有机两大类，见表 2.5.1。

表 2.5.1 混凝剂的类型及名称

类 型			名 称
无机型	无机盐类		硫酸铝，硫酸钾铝，硫酸铁，氯化铁，氯化铝，碳酸镁
	碱类		碳酸钠，氢氧化钠，石灰
	金属氢氧化物类		氢氧化铝，氢氧化铁
	固体细粉		高岭土，膨润土，酸性白土，炭黑，飘尘
	高分子类	阴离子型	活化硅酸（AS），聚合硅酸（PS）
		阳离子型	聚合氯化铝（PAC），聚合硫酸铝（PAS），聚合氯化铁（PFC），聚合硫酸铁（PFS），聚合磷酸铝（PAP），聚合磷酸铁（PFP）
		无机复合型	聚合氯化铝铁（PAFC），聚合硫酸铝铁（PAFS），聚合硅酸铝（PASI），聚合硅酸铁（PFSI），聚合硅酸铝铁（PAFSI），聚合磷酸铝（PAFP）
		无机有机复合型	聚合铝-聚丙烯酰胺，聚合铁-聚丙烯酰胺，聚合铝-甲壳素，聚合铁-甲壳素，聚合铝-阳离子有机高分子，聚合铁-阳离子有机高分子
有机型	天然类		淀粉，动物胶，纤维素的衍生物，腐殖酸钠
	人工合成类	阴离子型	聚丙烯酸，海藻酸钠（SA），羧酸乙烯共聚物，聚乙烯苯磺酸
		阳离子型	聚乙烯吡啶，胺与环氧氯丙烷缩聚物，聚丙烯酰胺阳离子化衍生物
		非离子型	聚丙烯酰胺（PAM），尿素甲醛聚合物，水溶性淀粉，聚氧化乙烯（PEO）
		两性型	明胶，蛋白素，干乳酪等蛋白质，改性聚丙烯酰胺

1. 无机盐类混凝剂

无机盐类混凝剂中应用最广泛的是铝盐和铁盐，硫酸铝、明矾及铝酸钠等属铝盐，三氯化铁、硫酸亚铁、硫酸铁等属铁盐。其中以硫酸铝、硫酸亚铁、三氯化铁应用最广。

（1）硫酸铝 $[Al_2(SO_4)_3 \cdot 18H_2O]$：精制硫酸铝为白色、块状，质地纯净，杂质少，含无水硫酸铝约 $50\% \sim 52\%$，含有效氧化铝 $15\% \sim 17\%$；粗制硫酸铝呈灰色块状或粉末状，含高岭土等不溶解杂质达 $20\% \sim 30\%$，在溶解、溶液配制工艺操作过程中必须重视设备中不溶性沉淀的排除，以保证设备的正常运行。粗制硫酸铝一般含无水硫酸铝 $20\% \sim 30\%$。我国民间使用的明矾是硫酸铝和硫酸钾的复合盐，其分子式为 $Al_2(SO_4)_3 \cdot K_2SO_4 \cdot 24H_2O$，其中硫酸钾不起混凝作用，故明矾作混凝剂时用量较多。用硫酸铝降低原水浊度时，为取得较好的混凝效果，水的 pH 值最好控制在 $6.5 \sim 7.5$，过滤后再调整 pH 值至中性。

（2）三氯化铁 $(FeCl_3 \cdot 6H_2O)$：三氯化铁是呈金属光泽的深棕色粉状或颗粒状固体，易溶于水，杂质较少。三氯化铁加入水中，离解成 Fe^+ 和 Cl^-，氢氧化铁胶体同氢氧化铝胶体一样，在混凝过程中起着重要的接触介质作用。三氯化铁作混凝剂时，受水的温度影响较小，结成的矾花大、重、韧，不易破碎，因而净水效果较好，特别是在处理浊度较高或温度较低的原水时，效果优于硫酸铝。三氯化铁的缺点是有较强的腐蚀性，特别对混凝土和金属管道。此外，出水含铁量一般较高。

（3）硫酸亚铁（$FeSO_4 \cdot 7H_2O$）：硫酸亚铁是半透明的绿色结晶状颗粒，俗称绿矾，是由钢铁、机械厂用废硫酸和废铁屑加工制成的。使用时受水温影响较小，容易形成重而易沉的矾花颗粒。较适用于高浊度、高碱度的原水。

由于［$Fe(OH)_2$］在水中的溶解度很大，使出水含铁量高，影响使用，因此硫酸亚铁应用时要同时投加适量的氯气，称为"亚铁氯化"法，使二价铁变成溶解度很低的三价铁，在净水过程中沉淀分离。反应得到的硫酸铁和三氯化铁分别水解成难溶于水的氢氧化铁胶体，在水中起架桥作用形成矾花。

亚铁氯化法使用时，必须把氯气和亚铁同时投入水中，不能先在原水中投加亚铁后再加氯，否则会明显增加净化后出水的含铁量和色度（最好把氯气和亚铁投加在同一加药管道内，使亚铁充分氧化后再进入原水）。在亚铁氯化法中，投氯量应在满足亚铁和氯气比例（理论值为 8∶1）基础上适当增加 $2 \sim 3\text{mg/L}$ 氯气量，以保证水质。

2. 高分子混凝剂

高分子混凝剂可分无机和有机两种。

（1）无机高分子混凝剂：目前使用的无机高分子混凝剂有聚合氯化铝和聚合氯化铁。聚合氯化铝以铅灰或含铅矿物为原料，聚合氯化铁以硫酸亚铁为原料。这两种高分子混凝剂的混凝原理与铝盐和铁盐类似，是根据它们的混凝特点，在人工控制条件下预先制成水解聚合物投加到水中，使之较好地发挥混凝作用。目前聚合氯化铝在国外使用较多，它对各种水质适应性较强，适宜 pH 值范围较广，矾花形成快，且颗粒大而重，因此用量较少。国内因原料和加工工艺等原因，尚未普遍使用。

（2）有机高分子凝聚剂：有机高分子凝聚剂有天然的和人工合成的两类。目前人工合成的日益增多，已占主导地位。我国目前使用较多的是聚丙烯酰胺，国外对有机高分子凝聚剂相当重视，品种日益增加。这类凝聚剂有巨大的线性分子，有较强的吸附架桥作用。有机高分子凝聚剂虽然效果好，但制造过程复杂，价格昂贵。此外，关于有机高分子的毒性问题是人们关注的重要问题，以聚丙烯酰胺为例，其单体丙烯酰胺有一定毒性，聚合物中存在少量单体丙烯酰胺是避免不了的，所以有机高分子凝聚剂使用尚不普遍。我国黄河流域地区使用较多，主要用于处理高浊度原水，效果显著。

2.5.2.4 助凝剂（图2.5.7）

在混凝过程中如果单独采用混凝剂不能取得较好的效果时，可以投加某类辅助药剂用来提高混凝效果，这类辅助药剂统称为助凝剂。助凝剂是与混凝剂一起使用，以促进水的混凝过程的辅助药剂。助凝剂通常是高分子物质。其作用往往是为了改善絮凝体结构，促使细小而松软的絮粒变得粗而密实，调节和改善混凝条件。

助凝剂的作用机理主要是吸附架桥。例如对于低温、低浊度水，采用铝盐或铁盐混凝剂时，形成的絮粒一般细小而松散，不易沉淀。当投入少量活化硅酸时，絮凝体的尺寸和密度就会增大，沉速加快。

水处理常用助凝剂有骨胶、聚丙烯酰胺及其水解产物、活化硅酸、海藻酸钠等。

骨胶是一种粒状或片状动物胶，是高分子物质，分子量为 $3000 \sim 80000$，骨胶易溶于水，无毒、无腐蚀性，与铝盐或铁盐配合使用，效果显著。其价格比铝盐和铁盐高，使用较麻烦，不能预制保存，需要现场配制，即日使用，否则会变成冻胶。

在水处理过程中还会用到其他一些种类助凝剂，按助凝剂的功能不同，可以分为调整剂、絮体结构改良剂和氧化剂三种类型。

1. 调整剂

在处理水 pH 值不符合工艺要求时，或在投加混凝剂后 pH 值变化较大时，需要投加 pH 值调整剂。常用的 pH 值调整剂包括石灰、硫酸和氢氧化钠等。

2. 絮体结构改良剂

当生成的絮体较小，且松散易碎时，可投加絮体结构改良剂以改善絮体的结构，增加其粒径、密度和强度，例如采用活化硅酸、黏土等。

3. 氧化剂

当处理水中有机物含量高时易起泡沫，使絮凝体不易沉降。这时可以投加氯气、次氯酸钠、臭氧等氧化剂来破坏有机物，从而提高混凝效果。

2.5.2.5 混凝剂投加系统及设备

在水处理的过程中，需向原水中投加药剂，进行水与药剂的混合，从而使水中的胶体物质产生凝聚或絮凝，这一综合过程称为混凝过程。

混凝过程包括药剂的溶解、配制、计量、投加、混合和反应等几个部分。

1. 混凝剂的配制

混凝剂的投加方式有两种，分为干法投加和湿法投加。

干法投加是把药剂直接投放到被处理的水中。干法投加因为劳动强度大，投配量较难掌握和控制，且对搅拌设备有比较高的要求，所以目前国内已很少使用。

湿法投加是目前普遍采用的投加方式，是将混凝剂配成一定浓度的溶液，直接定量投加到原水中。用以投加混凝剂溶液的投药系统，包括溶解池、溶液池、计量设备、提升设备和投加设备等。药剂的溶解和投加过程如图 2.5.8 所示。

图 2.5.8 药剂的溶解和投加过程

投药系统中的溶解池（图 2.5.9），是把块状或粒状的混凝剂溶解成浓的溶液，对难溶的药剂或在冬季水温较低时，可用蒸汽或热水加热。一般情况下只要适当搅拌即可溶解。药剂溶解后流入溶液池（图 2.5.10），配成一定浓度的药液。在溶液池中配制时同样要进行适当搅拌。搅拌时可采用水力、机械或压缩空气等方式。一般药量小时采用水力搅拌，药量大时采用机械搅拌。凡和混凝剂溶液接触的池壁、设备、管道等，应根据药剂的腐蚀性采取相应的防腐措施。

图 2.5.9 溶解池

图 2.5.10　溶液池

2. 混凝剂投加

（1）计量设备。混凝剂投加过程中需要通过计量或定量设备将药液投加到原水中，并要求能够随时进行药量调节控制。一般中小水厂可采用孔口计量，也就是根据选用的孔口大小计算出加药量。常用的有苗嘴和孔板，如图 2.5.11 所示。在一定液位下，一定孔径的苗嘴流出的药液量为定值。当需要调整投药量时，只要更换不同口径的苗嘴即可。标准图中苗嘴共有 18 种规格，其孔径从 0.6mm 到 6.5mm。

为保持孔口上的水头恒定，还要设置恒位水箱，如图 2.5.12 所示。为实现自动控制，可采用计量泵、转子流量计或电磁流量仪等，自动计量设备如图 2.5.13 所示。

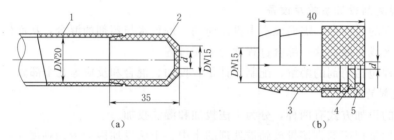

图 2.5.11　苗嘴和孔板（单位：mm）

（a）投药苗嘴；（b）孔板

1—出液软管；2—苗嘴；3—螺丝接头；4—孔板；5—压紧螈母

图 2.5.12　恒位水箱（单位：mm）

图 2.5.13　自动计量设备

（2）投加方式。投加方式分为重力投加或压力投加，一般根据水厂高程布置和溶液池位置的高低来确定投加方式。

重力投加是利用重力将药剂投加在水泵吸水管内（图 2.5.14）或吸水井中的吸水喇叭口处（图 2.5.15），利用水泵叶轮混合。取水泵房离水厂加药间较近的中小型水厂采用这种办法较好。图 2.5.15 中水封箱是为防止空气进入吸水管而设的，若空气进入吸水管，则会造成水泵吸水故障而停止工作。如果取水泵房离水厂较远，可建造高位溶液池，利用重力将药剂投入水泵压水管上，水泵压水管是水泵泵体之后的管道，如图 2.5.16 所示。

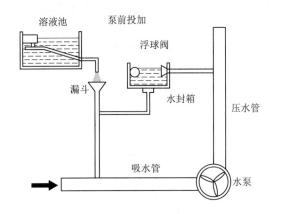

图 2.5.14　吸水管内重力投加

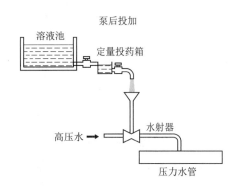

图 2.5.15　吸水喇叭口处重力投加

压力投加是利用水泵或水射器将药剂投加到原水管中，适用于将药剂投加到压力水管中，或需要投加到标高较高、距离较远的净水构筑物内。水泵投加是从溶液池抽提药液送到压力水管中，有直接采用计量泵和采用耐酸泵配以转子流量计两种方式，如图 2.5.17所示。水射器投加是利用高压水（压力＞0.25MPa）通过喷嘴和喉管时的负压抽吸作用，吸入药液到压力水管中，如图 2.5.18 所示，水射器投加应设有计量设备。一般水厂内的给水管都有较高压力，故使用方便。药剂注入管道的方式，应有利于水与药剂的混合，图2.5.19 所示为几种投药管布置方式。投药管道与零件宜采用耐酸材料，并且便于清洗和疏通。

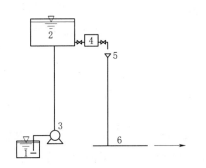

图 2.5.16　高位溶液池重力投加
1—溶解池；2—溶液池；3—提升泵；
4—投药箱；5—漏斗；6—高压水管

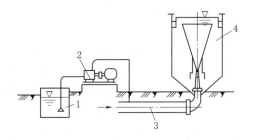

图 2.5.17　应用计量泵压力投加
1—溶液池；2—计量泵；3—原水进水管；4—澄清池

51

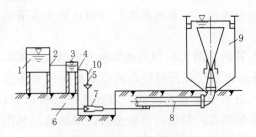

图 2.5.18　水射器压力投加

1—溶液池；2、4—阀门；3—投药箱；5—漏斗

6—高压水管；7—水射器；8—原水进水管；

9—澄清池；10—孔、嘴计量装置

存放药剂仓库应设在加药间旁，尽可能靠近投药点，这样可以方便投加。药剂的固定储量一般按 15～30d 最大投药量计算，其周转储量根据供药点的远近与当地运输条件决定。

2.5.2.6　混凝设施

1. 混合设施

为了创造良好的混凝条件，要求混合设施能够将投入的药剂快速均匀地扩散于被处理水中。混合设施种类较多，归纳起来有水泵混合、管式混合、机械混合和水力混合等方式。

（1）混合的基本要求。混合是取得良好混凝效果的重要前提。药剂的品种和浓度、原水的温度、水中颗粒的性质和大小等，都会影响到混凝效果，而混合方式的选择是最主要的影响因素。

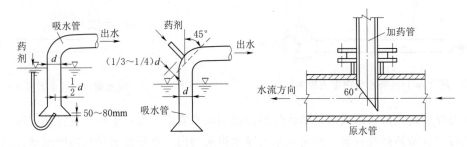

图 2.5.19　投药管布置

对混合设施的基本要求，在于通过对水体的强烈搅动后，能够在很短的时间内促使药剂均匀地扩散到整个水体，达到快速混合的目的。

在设计时注意混合设施尽可能与后继处理构筑物拉近距离，最好采用直接连接方式。采用管道连接时，管内流速可以控制在 0.8～1.0m/s，水在管内停留的时间不宜超过 2min。根据经验，反映混合指标的速度梯度 G 值一般控制在 500～1000s^{-1}。

混合方式与所选用混凝剂的种类有关。例如使用高分子混凝剂时，因其作用机理主要是絮凝，所以只要求药剂能够均匀地分散到水体中，而不要求采取快速和剧烈的混合方式。

（2）各种混合方式的特点和适用条件。

1）管式混合。常用的管式混合有管道静态混合器、文氏管式混合器、孔板式管道混合器、扩散混合器等。最常用的为管道静态混合器。

管道静态混合器是在管道内设置若干固定叶片，通过的水成对分流，并产生涡旋反向旋转和交叉流动，从而达到混合投药目的，如图 2.5.20 所示。静态混合器在管道上安装容易，可实现快速混合，并且效果好，投资省，维修工程量少，但会产生一定的水头损失。为了减少能耗，管内流速一般采用 1m/s。该种混合器内一般采用 1～4 个分流单元，适用于流量变化较小的水厂。

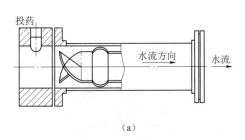

(a)

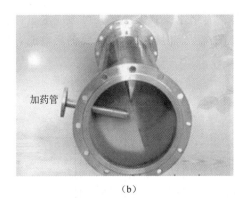

(b)

图 2.5.20 管道静态混合器

(a) 结构图; (b) 实物图

扩散混合器是在孔板混合器的前面加上锥形配药帽组成的。锥形帽为 90°夹角,顺水流方向投影面积是进水管面积的 1/4,孔板面积是进水管面积的 3/4,管内流速 1m/s 左右,混合时间取 2~3s,G 值一般在 $700~1000s^{-1}$。扩散混合器如图 2.5.21 所示。混合器的长度一般在 0.5m 以上,安装位置低于絮凝池水面。扩散混合器的水头损失为 0.3~0.4m,多用于直径在 200~1200mm 的进水管上,适用于中小型水厂。

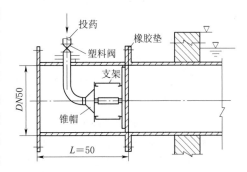

图 2.5.21 扩散混合器(单位:mm)

2)水泵混合。水泵混合是利用水泵的叶轮产生涡流,从而达到混合目的。这种方式设备简单,无需专门的混合设备,没有额外的能量消耗,所以运行费用较省。但在使用三氯化铁等腐蚀性较强的药剂时会腐蚀水泵叶轮。

由于采用水泵混合可以省去专门的混合设备,故在过去的设计中较多采用。近年来的运行发现:水泵混合的 G 值较低,水泵出水管进入絮凝池的投药量无法精确计量而导致自动控制投加难以实现,一般水厂的原水泵房与絮凝池距离较远,容易在管道中形成絮凝体,进入池内破碎影响了絮凝效果。

因此要求混凝剂投加点一般控制在 100m 之内,混凝剂投加在原水泵房水泵吸水管或吸水喇叭口处,并注意设置水封箱,以防止空气进入水泵吸水管。

3)机械混合。机械混合是通过机械在池内的搅拌达到混合目的。要求在规定的时间内达到需要的搅拌强度,满足速度快、混合均匀的要求。机械搅拌一般采用桨板式和推进式。桨板式结构简单,加工制造容易。推进式效能高,但制造较为复杂。混合池有方形和圆形之分,以方形较多。池深与池宽比约在 1:1~3:1,池子可以单格或多格串联,停留时间 10~60s。

机械搅拌一般采用立式安装,为了减少共同旋流,需要将搅拌机的轴心适当偏离混合池的中心。在池壁设置竖直挡板可以避免产生共同旋流,如图 2.5.22 和图 2.5.23 所示。

机械混合器水头损失小，并可适应水量、水温、水质的变化，混合效果较好，适用于各种规模的水厂。但机械混合需要消耗电能，机械设备管理和维护较为复杂。

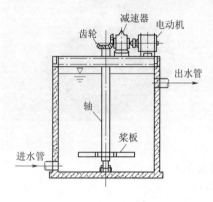

图 2.5.22　机械混合器

图 2.5.23　机械混合器实物图

2. 絮凝设施

（1）絮凝过程的基本要求。原水与药剂混合后，通过絮凝设备的外力作用，使具有絮凝性能的微絮凝颗粒接触碰撞，形成肉眼可见的大的密实絮凝体，所以在前期需要充分的混合，以增大颗料碰撞的机会，在絮体不断生成后，水流速度应逐渐减小以防止对絮体的破坏，为后续的沉淀提供良好的条件。在原水处理构筑物中，完成絮凝过程的设施称为絮凝池，絮凝过程是净水工艺中不可缺少的重要内容。

为了达到较为满意的絮凝效果，絮凝过程需要满足以下基本要求。

1）颗粒具有充分的絮凝能力。

2）具备保证颗粒获得适当的碰撞接触而又不致破碎的水力条件。

3）具备足够的絮凝反应时间。

4）颗粒浓度增加，接触效果增加，即接触碰撞机会增多。

（2）絮凝设施的分类。絮凝设施的形式较多，一般分为水力搅拌式和机械搅拌式两大类。常用的絮凝设施分类见表 2.5.2。

表 2.5.2　　　　　　　　　　常用的絮凝设施分类

分　类		形　式
水力搅拌	隔板絮凝	往复隔板
		回转隔板
	折板絮凝	同波折板
		异波折板
		波纹板
	网格絮凝（栅条絮凝）	
	穿孔旋流絮凝	
机械搅拌	水平轴搅拌	
	垂直轴搅拌	

水力搅拌式是利用水流自身能量，通过传动过程中的阻力给水流输入能量，在絮凝过程中会产生一定的水头损失。

机械搅拌式是利用电机或其他动力带动叶片进行搅动，使水流产生一定的速度梯度，这种形式的絮凝不消耗水流自身的能量，絮凝所需要的能量由外部提供。

（3）几种常用的絮凝池形式。

1）隔板絮凝池。水流以一定流速在隔板之间通过从而完成絮凝过程的絮凝设施，称为隔板絮凝池。水流方向是水平运动的称为水平隔板絮凝池，水流方向为上下竖向运动的称为垂直隔板絮凝池。

水平隔板絮凝池应用较早，隔板布置采用来回往复的形式，如图 2.5.24 和图 2.5.25 所示。水流沿隔板间通道往复流动，流动速度逐渐减小，这种形式称为往复式隔板絮凝池。往复式隔板絮凝池可以提供较多的颗粒碰撞机会，但在转折处消耗能量较大，容易引起已形成的矾花破碎。为了减小能量的损失，出现了回转式隔板絮凝池，如图 2.5.26 和图 2.5.27 所示。这种絮凝池将往复式隔板 $180°$ 的急剧转折改为 $90°$，水流由池中间进入，逐渐回转至外侧，其最高水位出现在池的中间，出口处的水位基本与沉淀池水位持平。回转式隔板絮凝池避免了絮凝体的破碎，同时也减少了颗粒碰撞机会，影响了絮凝速度。为保证絮凝初期颗粒的有效碰撞和后期的矾花顺利形成、免遭破碎，出现了往复-回转组合式隔板絮凝池。

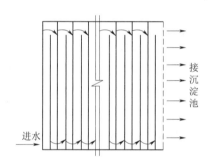

图 2.5.24　往复式隔板絮凝池示意图

图 2.5.25　往复式隔板絮凝池实物图

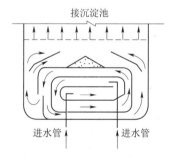

图 2.5.26　回转式隔板絮凝池示意图

图 2.5.27　回转式隔板絮凝池实物图

2）折板絮凝池。折板絮凝池于 1976 年在我国镇江市首次试验研究并取得成功。它是在隔板絮凝池基础上发展起来的，是目前应用较为普遍的形式之一。在折板絮凝池内放置一定数量的平折板或波纹板，水流沿折板竖向上下流动，多次转折，以促进絮凝。

折板絮凝池的布置方式按水流方向可以分为平流式和竖流式，以竖流式应用较为普遍。按折板的安装相对位置不同，可以分为同波折板和异波折板，如图2.5.28所示。同波折板是将折板的波峰与波谷对应平行布置，使水流速度不变，水在流过转角处产生紊动；异波折板将折板波峰相对、波谷相对，形成交错布置，使水的流速时而收缩成最小，时而扩张成最大，从而产生絮凝所需要的紊动。

按水流通过折板间隙数，又可分为单通道和多通道，如图2.5.28和图2.5.29所示。单通道是指水流沿两折板间不断循序流动，多通道则是将絮凝池分隔成若干格，各格内设一定数量的折板，水流按各格逐格通过。

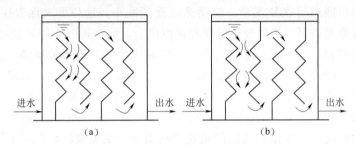

图2.5.28 单通道同波折板和异波折板絮凝池
(a) 同波折板；(b) 异波折板

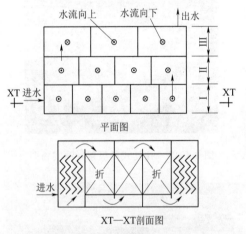

平面图

XT—XT剖面图

图2.5.29 多通道折板絮凝池

无论哪一种方式都可以组合使用。有时絮凝池末端还可采用平板。同波和异波折板絮凝效果差别不大，但平板效果较差，只能放置在池体末端起补充作用。

3) 机械搅拌絮凝池。机械搅拌絮凝池通过电动机经减速装置驱动搅拌器对水进行搅拌，使水中颗粒相互碰撞，发生絮凝。搅拌器可以旋转运动，也可以上下往复运动。国内目前都是采用旋转式，常见的搅拌器有桨板式和叶轮式，桨板式较为常用。根据搅拌轴的安装位置，又分为水平轴式和垂直轴式，如图2.5.30所示。前者通常用于大型水厂，后者一般用于中小型水厂。机械搅拌絮凝池宜分格串联使用，以提高絮凝效果。

4) 穿孔旋流絮凝池。穿孔旋流絮凝池是利用进口较高的流速，使水流产生旋流运动，从而完成絮凝过程，如图2.5.31所示。为了改善絮凝条件，常采用多级串联的形式，由若干方格（一般不少于6格）组成。各格之间的隔墙上沿池壁开孔，孔口上下交错布置。水流通过呈对角交错开孔的孔口沿池壁切线方向进入后形成旋流，所以又称为孔室絮凝池。为适应絮凝体的成长，逐格增大孔口尺寸，以降低流速。穿孔旋流絮凝池构造简单，但絮凝效果较差。

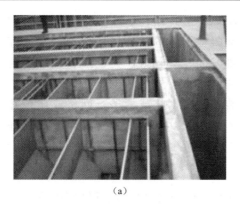

（a）   （b）

图 2.5.30　机械搅拌絮凝池

（a）垂直轴式；（b）水平轴式

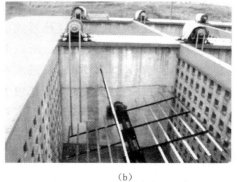

（a）   （b）

图 2.5.31　穿孔旋流絮凝池

（a）平面图；（b）1—1 剖面图

5）网格（栅条）絮凝池。网格（栅条）絮凝池（图 2.5.32、图 2.5.33），是在沿流

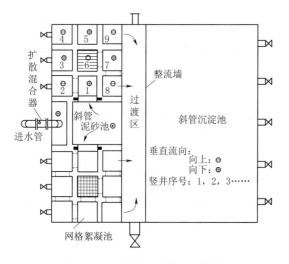

图 2.5.32　网格（栅条）絮凝池

图 2.5.33　网格（栅条）絮凝池实物图

程一定距离的过水断面上设置网格或栅条，距离一般控制在 0.6～0.7m。通过网格或栅条的能量消耗完成絮凝过程。这种形式的絮凝池形成的能量消耗均匀，水体各部分的絮体可获得较为一致的碰撞机会，所以絮凝时间相对较少。其平面布置和穿孔旋流絮凝池相似，由多格竖井串联而成。进水水流顺序从一格流到下一格，上下对角交错流动，直到出口。在全池约 2/3 的竖井内安装若干层网格或栅条，网格或栅条孔隙由密渐疏，当水流通过时，相继收缩、扩大，形成涡旋，造成颗粒碰撞，形成良好絮凝条件。

2.5.3　沉淀

水中悬浮颗粒依靠自身重力作用下沉，从而从水中分离出来的过程称为沉淀。原水投加混凝剂后，经过混合反应，水中胶体杂质凝聚成较大的矾花颗粒，通过重力作用在进入沉淀池后能沉入池底而被去除。水中悬浮物的去除，可通过水和颗粒的密度差，在重力作用下进行分离。密度大于水的颗粒将下沉，小于水的则上浮。早在古代，人们就知道在水中投加明矾后加以搅拌，静置一段时间后水质会逐渐变清。这就是沉淀现象的反应，在现代净水技术中，沉淀仍旧被广泛用于水处理中。

2.5.3.1　沉淀的类型

根据水中悬浮颗粒的密度、凝聚性能的强弱和浓度的高低，沉淀可分为四种基本类型。

（1）自由沉淀。悬浮颗粒在沉淀过程中呈离散状态，其形状、尺寸、质量等物理性状均不改变，下沉速度不受干扰，单独沉降，互不聚合，各自完成独立的沉淀过程。在这个过程中只受到颗粒自身在水中的重力和水流阻力的作用。

（2）絮凝沉淀。颗粒在沉淀过程中，其尺寸、质量及沉速均随深度的增加而增大。

（3）拥挤沉淀，又称成层沉淀。颗粒在水中的浓度较大，在下沉过程中彼此干扰，在清水与浑水之间形成明显的交界面，并逐渐向下移动。其沉降的实质就是界面下降的过程。

（4）压缩沉淀。颗粒在水中的浓度很高，沉淀过程中，颗粒相互接触并部分地受到压缩物支撑，下部颗粒的间隙水被挤出，颗粒被浓缩。

在乡镇水厂中沉淀池的沉淀主要为絮凝沉淀，随着水深不断加深，絮体会越结越大，沉降速度会越来越大。

2.5.3.2　影响沉淀池沉淀效果的因素

实际沉淀池由于受实际水流状况和凝聚作用等的影响，偏离了理想沉淀池的假设条件。

1. 沉淀池实际水流状况对沉淀效果的影响

在理想沉淀池中，假定流速均匀分布，水流稳定。但在实际沉淀池中，停留时间总是偏离理想沉淀池，实际沉淀池中水流在池子过水断面上流速分布是不均匀的，整个池子的有效容积没有得到充分利用，一部分水流通过沉淀区的时间小于理论停留时间，而另一部水流则大于理论停留时间，这种现象称为短流。这主要是由于水流的流速和流程不同所导致。此时水流除水平流速外，还有上下左右的脉动分速，并伴有小的涡流体，虽不利于颗粒的沉淀，但可使密度不同的水流较好混合，减弱分层流动。

另外异重流是指两种或者两种以上比重相差不大、可以相混的流体,因比重差异而发生的相对运动。就是说,一种流体沿着与其他流体交界面的方向流动,在流动过程中不与其他流体发生全局性掺混现象的流动。例如悬浮固体浓度很高的水,密度较大,进入池子经过沉淀后,密度有显著的下降,这样进水与池水间出现密度上的差异,会出现进入池子的水流将沉潜在池水的下层,上层的水基本上不流动的状况。异重流如果重于池内水体,将下沉并以较高的流速沿着底部绕道前进;异重流轻于池内水体,则将沿水面径流至出水口。密度的差异主要由于水温、所含盐分或悬浮固体量的不同所导致。如果池内的水平流速相当高,异重流会和池中水流汇合,基本上不会影响流态,此时的沉淀池具有稳定的流态。如果异重流在整个池内保持,则会存在不稳定的流态。

一般将水平流速控制在 $10\sim25mm/s$。

2. 凝聚作用的影响

悬浮物的絮凝过程在沉淀池中仍继续进行。由于沉淀池内水流流速分布不均匀,水流中存在的速度梯度会引起颗粒相互碰撞而促进絮凝。

水中絮凝颗粒大小不均匀,故沉速也不同。在沉淀过程中沉速大的颗粒会追上沉速小的颗粒而引起絮凝。

水在池内的停留时间越长,由速度梯度引起的絮凝效果越明显;池深越大,因颗粒沉速不同引起的絮凝进行得就越彻底。故实际沉淀池的沉淀时间和水深都会影响到沉淀效果,从而偏离了理想沉淀池的假定条件。

2.5.3.3 沉淀设备

1. 沉淀池的类型

按沉淀池的水流方向不同,可分为平流式沉淀池、竖流式沉淀池、辐流式沉淀池,如图 2.5.34 所示。

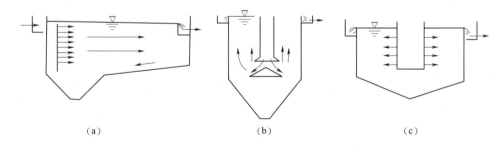

图 2.5.34 按水流方向不同划分的沉淀池
(a) 平流式沉淀池;(b) 竖流式沉淀池;(c) 辐流式沉淀池

(1) 平流式沉淀池。被处理水从池的一端流入,按水平方向在池内向前流动,从另一端溢出,池表面呈长方形,在进口处底部设有污泥斗。

(2) 竖流式沉淀池。表面多为圆形,也有方形、多角形,水从池中央下部进入,由下向上流动,沉淀后上清液由池面和池边溢出。

(3) 辐流式沉淀池。池表面呈圆形或方形,水从池中心进入,沉淀后从池子的四周溢出,池内水流呈水平方向流动,但流速是变化的。

2. 沉淀池的选用（表2.5.3）

表2.5.3　　　　　　　　　沉淀池各种池型的优缺点和适用条件

池型	优　点	缺　点	适用条件
平流式	（1）沉淀效果好； （2）对冲击负荷和温度变化的适用能力较强； （3）施工简易，造价较低	（1）池子配水不易均匀； （2）采用多斗排泥时，每个泥斗需要单独设排泥管各自排泥，操作量大； （3）采用链带式刮泥机排泥时，链带的支撑件和驱动件都浸于水中，易锈蚀	（1）适用于地下水位高及地质较差地区； （2）适用于大、中、小型污水处理厂
竖流式	（1）排泥方便，管理简单； （2）占地面积小	（1）池子深度大，施工困难； （2）对冲击负荷和温度变化的适用能力较差； （3）造价较高； （4）池型不宜过大，否则布水不匀	适用于处理水量不大的小型水处理厂
辐流式	（1）多为机械排泥，运行较好，管理较简单； （2）排泥设备已趋定型	机械排泥设备复杂，对施工质量要求高	（1）适用于地下水位较高地区； （2）适用于大、中型水处理

选用沉淀池时一般应考虑以下几个方面的因素。

（1）地形、地质条件。不同类型沉淀池选用时会受到地形、地质条件限制，有的平面面积较大而池深较小，有的池深较大而平面面积较小。例如平流式沉淀池一般布置在场地平坦、地质条件较好的地方。沉淀池一般占生产构筑物总面积的25%～40%。当占地面积受限时，平流式沉淀池的选用就会受到限制。

（2）气候条件。寒冷地区冬季时，沉淀池的水面会形成冰盖，影响处理和排泥机械运行，将面积较大的沉淀池建于室内进行保温会提高造价，因此选用平面面积较小的沉淀池为宜。

（3）水质、水量。原水的浊度、含砂量、砂粒组成、水质变化直接影响沉淀效果。例如斜管沉淀池积泥区相对较小，原水浊度高时会增加排泥困难。根据技术经济分析，不同的沉淀池常有其不同的适用范围。例如平流式沉淀池的长度仅取决于停留时间和水平流速，而与处理规模无关，水量增大时仅增加池宽即可。单位水量的造价指标，随处理规模的增加而减小，所以平流式沉淀池适于水量较大的场合。

（4）运行费用。不同的原水水质对不同类型沉淀池的混凝剂消耗也不同；排泥方式的不同会影响到排泥水浓度和厂内自用水的耗水率；斜板、斜管沉淀池板材需要定期更新等，会增加日常维护费用。

对于村镇供水来说主要考虑选用平流式沉淀池和斜板（管）沉淀池。

2.5.3.4　平流式沉淀池

平流式沉淀池构造简单，为一长方形水池，由流入装置、流出装置、沉淀区、缓冲层、污泥区及排泥装置等组成，如图2.5.35

图2.5.35　平流式沉淀池实物图

和图 2.5.36 所示。

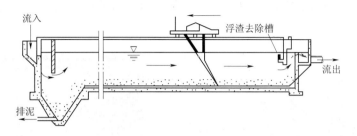

图 2.5.36 平流式沉淀池示意图

1. 流入装置

流入装置的作用是使水流均匀地分布在整个进水断面上，并尽量减少扰动。原水处理时一般与絮凝池合建，见图 2.5.37，设置穿孔墙，水流通过穿孔墙，直接从絮凝池流入沉淀池，均布于整个断面上，保护形成的矾花不会由于水流的搅动而被打碎，见图 2.5.38 和图 2.5.39。沉淀池的水流一般采用直流式，避免产生水流的转折。一般孔口流速不宜大于 0.15～0.2m/s；孔洞断面沿水流方向渐次扩大，以减小进水口射流，防止絮凝体破碎。

图 2.5.37 絮凝池沉淀池共建

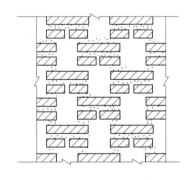

图 2.5.38 穿孔墙示意图

图 2.5.39 穿孔墙实物图

2. 流出装置

流出装置一般由流出槽与挡板组成，如图 2.5.40 和图 2.5.41 所示。流出槽设自由溢流堰、锯齿形堰或孔口出流等，溢流堰要求严格水平，既可保证水流均匀，出水端水流不被扰动，出水槽高度可上下调节，所以可控制沉淀池水位。出流装置常采用自由堰形式，堰前设挡板，挡板入水深 0.3～0.4m，距溢流堰 0.25～0.5m。也可采用潜孔出流以阻止浮渣，或设浮渣收集排除装置。孔口出流流速为 0.6～0.7m/s。为了减少负荷，改善出水水质，可以增加出水堰长。目前采用较多的方法是指形槽出水，即在池宽方向均匀设置若干条出水槽，以增加出水堰长度和减小单位堰宽的出水负荷。常用增加堰长的办法如图 2.5.42 所示。

图 2.5.40　平流式沉淀池的出水堰实物图

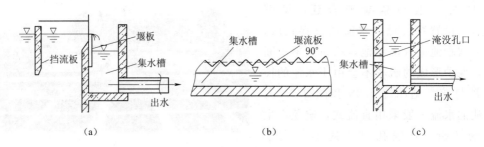

图 2.5.41　平流式沉淀池的出水堰形式
（a）自由出水堰；（b）锯齿形出水堰；（c）淹没式出水堰

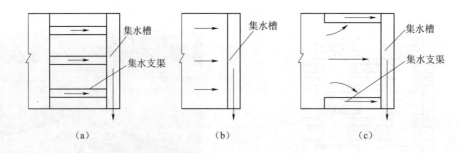

图 2.5.42　增加出水堰长度的措施
（a）指形出水槽；（b）底边出水槽；（c）周边式出水槽

3. 沉淀区

平流式沉淀池的沉淀区在进水挡板和出水挡板之间，长度一般为 30～50m。深应从水面到缓冲层上缘，一般不大于 3m。沉淀区宽度一般为 3～5m。

4. 缓冲层

为避免已沉污泥被水流搅起以及缓冲冲击负荷，在沉淀区下面设有 0.5m 左右的缓冲层。平流式沉淀池的缓冲层高度与排泥形式有关。重力排泥时缓冲层的高度为 0.5m，机械排泥时缓冲层的上缘高出刮泥板 0.3m。

5. 污泥区

污泥区的作用是贮存、浓缩和排除污泥。排泥方法一般有静水压力排泥和机械排泥。

沉淀池内的可沉固体多沉于池的前部,故污泥斗一般设在池的前部。池底的坡度必须保证污泥顺底坡流入污泥斗中,坡度的大小与排泥形式有关。污泥斗的上底可为正方形,边长同池宽;也可以设计成长条形,其一边长同池宽。下底通常为 400mm×400mm 的正方形,泥斗斜面与底面夹角不小于 60°,污泥斗中的污泥可采用静力排泥方法。

静力排泥是依靠池内静水压力(初沉池为 1.5~2.0m,二沉池为 0.9~1.2m),将污泥通过污泥管排出池外。排泥装置由排泥管和泥斗组成,如图 2.5.43。排泥管管径为 200mm,池底坡度为 0.01~0.02。为减少池深,可采用多斗排泥,每个斗都有独立的排泥管,如图 2.5.44 所示。也可采用穿孔管排泥。

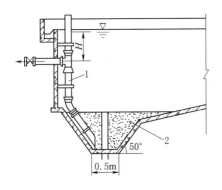

图 2.5.43 沉淀池静水压力排泥

1—排泥管;2—泥斗

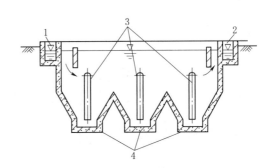

图 2.5.44 多斗式平流沉淀池

1—进水槽;2—出水槽;3—排泥管;4—污泥斗

目前平流沉淀池一般采用机械排泥。机械排泥是利用机械装置,通过排泥泵或虹吸将池底积泥排至池外。机械排泥装置有链带式刮泥机、行车式刮泥机、泵吸式排泥和虹吸式排泥装置等。

设有行车式刮泥机的平流式沉淀池,工作时,桥式行车刮泥机沿池壁的轨道移动,刮泥机将污泥推入贮泥斗中,不用时,将刮泥设备提出水外,以免腐蚀。

设有链带式刮泥机的平流式沉淀池,如图 2.5.45 和图 2.5.46 所示。工作时,链带缓缓地沿着与水流方向相反的方向滑动。刮泥板嵌于链带上,滑动时将污泥推入贮泥斗中。当刮泥板滑动到水面时,又将浮渣推到出口,在出口处集中清除。链带式刮泥机的各种机

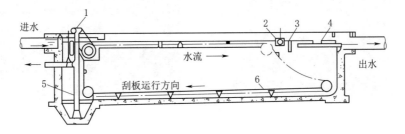

图 2.5.45 设有链带式刮泥机的平流式沉淀池

1—集渣器驱动;2—浮渣槽;3—挡板;4—可调节的出水槽;5—排泥管;6—刮板

件都在水下，容易腐蚀，养护较为困难。

图 2.5.46 链带式刮泥机实物图

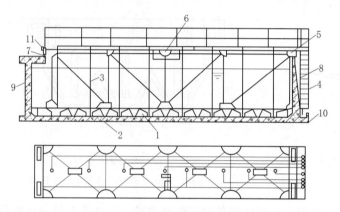

当不设存泥区时，可采用吸泥机，使集泥与排泥同时完成。常用的吸泥机有多口式和单口扫描式，且又分为虹吸和泵吸两种。图 2.5.47、图 2.5.48 为多口虹吸式吸泥装置。刮泥板、吸口、吸泥管、排泥管成排地安装在桁架上，整个桁架利用电机和传动机构通过滚轮架设在沉淀池壁的轨道上行走，在行进过程中，利用沉淀池水位所能形成的虹吸水头，池底积泥吸出并排入排泥沟。

图 2.5.47 多口虹吸式吸泥装置

1—刮泥板；2—吸口；3—吸泥管；4—排泥管；5—桁架；6—电机和传动机构；7—轨道；8—梯子；9—沉淀池壁；10—排泥沟；11—滚轮

图 2.5.48 虹吸式吸泥装置实物图

2.5.3.5 斜板（管）沉淀池

根据哈真浅池理论，沉淀效果与沉淀面积和沉降高度有关，与沉降时间关系不大。为了增加沉淀面积，提高去除率，用降低沉降高度的办法来提高沉淀效果，也就是说，在池内停留时间不变的情况下，通过降低高度来减少下沉的时间，从而提高去除率。在沉淀池中设置斜板或斜管（图 2.5.49），成为斜板（管）沉淀池（图 2.5.50）。平流式沉淀池就是根据这个原理发展的。在池内安装一组并排叠成、且有一定坡度的平板或管道，被处理水从管道或平板的一端流向另一端，相当于很多个浅且小的沉淀池组合在一起。由于平板的间距和管道的管径较小，故水流在此处为层流状态，当水在各自的平板或管道间流动时，各层隔开互不干扰，为水中固体颗粒的沉降提供了十分有利的条件，大大提高了水处理效果和能力。

图 2.5.49　斜板

图 2.5.50　斜板管沉淀实物图

斜板（管）沉淀池主要适用于村镇小型的水厂以及老旧水厂的技术改造。

在异向流、同向流和侧向流三种形式中，以异向流应用得最广。异向流斜板（管）沉淀池，因水流向上流动、污泥下滑、方向各异而得名。图 2.5.51 为异向流斜管沉淀池。

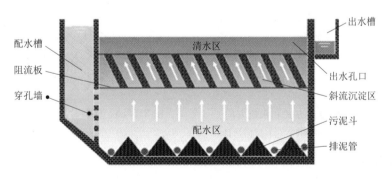

图 2.5.51　异向流斜管沉淀池

从图 2.5.51 可以看到，需处理的水从配水槽经穿孔墙头进入沉淀池底，在池内水由下往上流，在流经斜板区域时，水从斜板空隙进入清水区，水中的絮体颗粒与斜板碰撞后落入底部污泥区而被去除。池底设有排泥管，定期进行排泥处理。

斜板沉淀池分为入流区、出流区、沉淀区和污泥区等四个区。其中沉淀区的构造对整个沉淀池的构造起着控制作用。

沉淀区由一系列平行的斜板或斜管组成，斜板的排列分竖向和横向两种情况。

竖向排列是将斜板重叠起来布置，每块斜板的同一端在同一垂直面上，如图 2.5.52

（a）所示。沉淀区采用竖向排列大大提高了地面利用率。但从板上滑下的污泥会在同一垂直面上降落，降低了沉淀效率，所以竖向排列仅适用于小流量的沉淀池。

横向排列是将竖向排列的斜板端部错开，虽然这样使沉淀区的地面利用率降低，但入流区和出流区都不需要另占地面面积。一般旧池改造时都采用横向排列。

横向排列可以分为顺向横排和反向横排，如图 2.5.52（b）、（c）所示。斜板沉淀池的进水流向是水平的，水流在沉淀区的流向是顺着斜板倾斜向上的。水从入流区到沉淀区要改变方向。由于水流转弯时外侧流速大于内侧流速，如果斜板为顺向排列，沿斜板滑下的污泥正好与较高的上升流速的水流相遇，从而增加了污泥下滑的阻力。如果斜板为反向横排，污泥下滑时与流速成较小的水流相遇，污泥下滑的阻力较小，有利于排泥。

当斜板换成斜管后，就成为斜管沉淀池。斜板（管）倾角一般为 60°，长度 1~1.2m，板间垂直间距 80~120mm，斜管内切圆直径为 25~35mm。板（管）材要求轻质、坚固、无毒、价廉。目前较多采用聚丙烯塑料或聚氯乙烯塑料。图 2.5.53 为塑料片正六角形斜管黏合示意图。塑料薄板厚 0.4~0.5mm，块体平面尺寸通常不大于 1m×1m，热轧成半六角形，然后黏合。横向排列的斜板沉淀池入流区位于沉淀区的下面，高度约 1.0~1.5m。出流区位于沉淀区的上面，高度一般采用 0.7~1.0m。缓冲区位于斜板上面，深度不小于 0.05m。出水槽一般采用淹没孔出流，或者采用三角形锯齿堰。

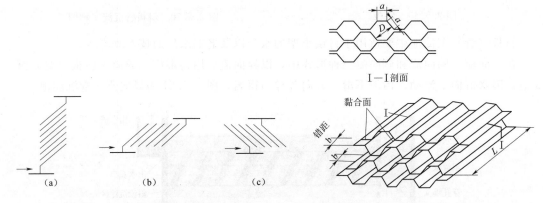

图 2.5.52 斜板的排列方式和水流方向　　图 2.5.53 塑料片正六角形斜管黏合示意图
（a）竖向排列；（b）顺向横排；（c）反向横排

2.5.3.6 澄清池

1. 澄清池的工作原理

澄清池（图 2.5.54），集混凝和沉淀两个水处理过程于一体，在一个处理构筑物内完成。如前所述，原水通过加药混凝，水中脱稳杂质通过碰撞结成大的絮凝体，而后在沉淀池内下沉去除。澄清池利用池中活性泥渣层与混凝剂以及原水中的杂质颗粒相互接触、吸附，把脱稳杂质阻留下来，使水达到澄清的目的。活性泥渣层接触介质的过程，就是絮凝过程，常称为接触絮凝。在絮凝的同时，杂质从水中分离出来，清水在澄清池的上部被收集。

泥渣层的形成，主要是在澄清池开始运转时，原水中加入较多的混凝剂，并适当降低负荷，经过一定时间运转后，逐步形成泥渣层，当原水浊度较低时，为加速形成泥渣层，

图 2.5.54　机械搅拌澄清池

可人工投加黏土。为了保持稳定的泥渣层，必须控制池内活性泥渣量，不断排除多余的泥渣，使泥渣层处于新陈代谢状态，保持接触絮凝的活性。

2. 机械搅拌澄清池

根据池中泥渣运动的情况，澄清池可分为泥渣悬浮型和泥渣循环型两大类。前者有脉冲澄清池和悬浮澄清池（图 2.5.55），后者有机械搅拌澄清池和水力循环澄清池。其中脉冲澄清池和水力循环澄清池目前已较少使用，机械搅拌澄清池适用于村镇较大的水厂。

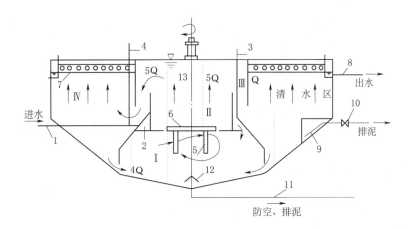

图 2.5.55　机械搅拌澄清池工作流程示意图

1—进水管；2—三角配水槽；3—透气管；4—投药管；5—搅拌桨；6—提升叶轮；
7—集水槽；8—出水管；9—泥渣浓缩室；10—排泥阀；11—放空管；12—排泥罩；13—搅拌轴；
Ⅰ—第一絮凝室；Ⅱ—第二絮凝室；Ⅲ—导流室；Ⅳ—分离室

机械搅拌澄清池由第一絮凝室、第二絮凝室、导流室及分离室组成。整个池体上部是圆筒形，下部是截头圆锥形。加过药剂的原水由进水管通过环形三角配水槽的缝隙均匀流入第一絮凝室，由提升叶轮提升至第二絮凝室。在第一、二絮凝室内与高浓度的回流泥渣相接触，达到较好的絮凝效果，结成大而重的絮凝体，经导流室流入分离室沉淀分离。清水向上经集水槽流至出水管；向下沉降的泥渣沿锥底的回流缝再进入第一絮凝室，重新参加絮凝，一部分泥渣则排入泥渣浓缩室进行浓缩至适当浓度后经排泥管排除。

根据实际情况和运转经验确定混凝剂加注点，可加在水泵吸水管内，亦可由投药管加入澄清池进水管、三角配水槽等处，并可数处同时加注。透气管的作用是排除三角配水槽中原水可能含有的气体，放空管进口处的排泥罩口，可使池底积泥沿罩的四周排除，使排泥彻底。

搅拌设备由提升叶轮和搅拌桨组成，提升叶轮装在第一和第二絮凝室的分隔处。搅拌设备一方面提升叶轮将回流水从第一絮凝室提升至第二絮凝室，使回流水中的泥渣不断地在池内循环；另一方面，搅拌桨使第一絮凝室内的水体和进水迅速混合，泥渣随水流处于悬浮和环流状态。因此，搅拌设备使接触絮凝过程在第一、二絮凝室内得到充分发挥。

第二絮凝室设有导流板，用以清除因叶轮提升时所引起的水的旋转，使水流平稳地经导流室流入分离室。分离室下部为泥渣层，上部为清水层，清水向上经集水槽流至出水槽。清水层一般应有 1.5～2.0m 的深度，以便在排泥不当而导致泥渣层厚度发生变化时，仍然可以保证出水水质。

2.5.4 过滤

在常规水处理工艺中，原水经混凝、沉淀后，沉淀（澄清）池的出水浊度通常在 10NTU 以下，为了进一步降低沉淀（澄清）池出水的浊度，还必须进行过滤处理。过滤一般是指以粒状材料（如石英砂等）组成具有一定孔隙率的滤料层来截留水中的微小悬浮杂质，从而使水获得进一步澄清的工艺过程。过滤工艺采用的处理构筑物称为滤池。滤池通常设在沉淀池或澄清池之后。

过滤的作用是：一方面进一步降低了水的浊度，使滤后水浊度达到生活饮用水标准；另一方面为滤后消毒创造良好条件。这是因为水中附着于悬浮物上的有机物、细菌乃至病毒等在过滤的同时随着水的浊度降低被大部分去除，而残存于滤后水中的细菌、病毒等也因失去悬浮物的保护或吸附，将在滤后消毒过程中容易被消毒剂杀灭。因此，在生活饮用水净化工艺中，过滤是极为重要的净化工序，有时沉淀池或澄清池可以省略，但过滤是不可缺少的，它是保证生活饮用水卫生安全的重要措施。

2.5.4.1 慢滤池

人类早期使用的滤池称为慢滤池，其主要是依靠滤层表面因藻类、原生动物和细菌等微生物生长而生成的滤膜去除水中的杂质。慢滤池能较为有效地去除水中的色度、嗅和味。但由于滤速太慢（滤速仅为 0.1～0.3m/h），占地面积较大。

慢滤池由池体、滤料层、承托层和集水系统组成，构造简单。滤池的建筑材料和设备都比较容易解决，建造成本低，操作和维护较简单，滤池采用石英砂滤料，不设冲洗设施。

慢滤池的优点是构造简单，材料易得，工程建设投资低，操作管理简易，运行成本低，无需投加混凝剂，净水效果好；缺点是产水量低，占地面积大，滤料易堵塞，人工刮泥、清洗滤料劳动强度大。慢滤池适用于规模不大、用地富余的村镇水厂处理浑浊度长期低于 20NTU、短期不超过 60NTU 的原水。

2.5.4.2 快滤池的类型

快滤池是以石英砂作为滤料的普通快滤池，使用历史最久。在此基础上，为了增加滤层的含污能力以提高滤速和延长工作周期、减少滤池阀门以方便操作和实现自动化，人们从不同的工艺角度进行了改进和革新，出现了其他形式的快滤池，大致分类如下：

（1）按滤料层的组成可分为单层石英砂滤料、双层滤料、三层滤料、均质滤料、新型轻质滤料滤池等。

（2）按阀门的设置可分为普通快滤池、双阀滤池、单阀滤池、无阀滤池、虹吸滤池、移动冲洗罩滤池等。

（3）按过滤的水流方向可分为下向流滤池、上向流滤池、双向流滤池等。

（4）按工作的方式可分为重力式滤池，压力式滤池。

（5）按滤池的冲洗方式可分为高速水流反冲洗滤池，气、水反冲洗滤池，表面助冲加高速水流反冲洗滤池。

2.5.4.3　快滤池的工作过程

滤池形式各异，但过滤原理基本一样，基本工作过程也相同，即过滤和冲洗交替进行。下面以普通快滤池为例介绍快滤池的基本构造和工作过程。

普通快滤池又称四阀滤池，其构造如图 2.5.56 所示。图 2.5.56 是小型水厂滤池格数较少时，采用的单行排列的布置形式。这种形式也适合于村镇小水量水厂处理使用。普通快滤池本身包括浑水渠（进水渠）、冲洗排水槽、滤料层、承托层和配水系统五个部分。管廊内主要是进水、清水、冲洗水、洗排水（或废水渠）等四种管渠及其相应的控制阀门。

过滤时，关闭冲洗水支管上的阀门与排水阀，开启进水支管与清水支管上的阀门，原水经进水总管、进水支管由浑水渠流入冲洗排水槽后从槽的两侧溢流进入滤池，经过滤料层、承托层后，由底部配水系统的配水支管汇集，再经配水干管、清水支管进

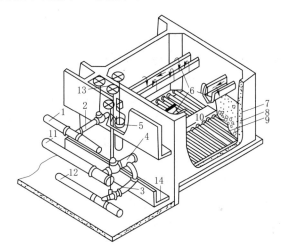

图 2.5.56　普通快滤池构造剖视图

1—进水总管；2—进水支管；3—清水支管；4—冲洗水支管；
5—排水阀；6—冲洗排水槽；7—滤料层；8—承托层；
9—配水支管；10—配水干管；11—冲洗水总管；
12—清水总管；13—浑水渠；14—废水渠

入清水总管流往清水池。原水流经滤料层时，水中杂质即被截留在滤料层中。随着过滤的进行，滤料层中截留的杂质越来越多，滤料颗粒间孔隙逐渐减少，滤料层中的水头损失也相应增加。当滤层中的水头损失增加到设计允许值（一般小于 2.0～2.5m）以致滤池出水量减少，或水头损失不大，但滤后水质不符合要求时，滤池须停止过滤进行反冲洗，从过滤开始到过滤结束所经历的时间称为过滤周期。

反冲洗时，关闭进水支管与清水支管上的阀门，开启排水阀与冲洗水支管上的阀门，冲洗水（即滤后水）由冲洗水总管、冲洗水支管经底部配水系统的配水干管、从配水支管上均匀分布的孔眼中流出，均匀地分布在整个滤池平面上，自下而上穿过承托层及滤料层。滤层在均匀分布的上升水流中处于悬浮状态，滤层中截留的杂质在水流剪力和滤料颗粒间的碰撞摩擦作用下从滤料颗粒表面剥离下来，随反冲洗废水进入冲洗排水槽，再汇入浑水渠，最后经排水管和废水渠排入下水道或回收水池。冲洗一直进行到滤料基本洗干净

为止。冲洗结束后，即可关闭冲洗水支管上的阀门与排水阀，开启进水支管与清水支管上的阀门，过滤重新开始。

从过滤开始到冲洗结束所经历的时间称为快滤池工作周期。工作周期的长短涉及滤池的实际工作时间和反冲洗耗水量，因而直接影响到滤池的产水量。工作周期过短，滤池日产水量减少。快滤池工作周期一般为 12～24h。

快滤池的产水量受诸多因素影响，其中最主要的是滤速。滤速相当于滤池负荷，是指单位时间、单位表面积滤池的过滤水量，单位为 $m^3/(m^2 \cdot h)$，通常化简为 m/h。根据《室外给水设计规范》（GB 50013—2018）规定：当滤池的进水浊度在 10NTU（度）以下时，单层石英砂滤料滤池的正常滤速可采用 6～9m/h，双层滤料滤池的正常滤速宜采用 8～12m/h，三层滤料滤池的正常滤速宜采用 6～10m/h。

2.5.4.4　滤料

在水处理中，过滤是利用具有一定孔隙率的滤料层截留水中悬浮杂质的。给水处理中所用的滤料，必须符合以下要求：

（1）具有足够的机械强度，以免在冲洗过程中滤料出现磨损和破碎现象。

（2）具有足够的化学稳定性，以免滤料与水产生化学反应而恶化水质，尤其不能含有对人体健康和生产有害物质。

（3）具有合适的粒径、良好的级配和适当的孔隙率。

（4）货源充足，价格低廉，应尽量就地取材。

迄今为止，生产中使用最为广泛的滤料仍然是石英砂。此外，随着双层和多层滤料的出现，常用的滤料还有无烟煤、磁铁矿、金刚砂、石榴石、钛铁矿、天然锰砂等，还有聚苯乙烯及陶粒等轻质滤料，如图 2.5.57 所示。

（a）　　　　　　　　　　（b）　　　　　　　　　（c）　　　　　　　　　（d）

图 2.5.57　滤池滤料

（a）石英砂；（b）无烟煤；（c）石榴石；（d）陶粒

传统的单层级配滤料因反冲洗时水力分级的影响，其粒径分布呈现上小下大的"正粒度"排列，过滤过程中就会出现滤料表层水头损失增长迅速和滤后水中杂质颗粒提前穿透两种不利后果，其中任何一种都会缩短过滤周期、减少周期产水量，并因中下层滤料基本未发挥截污作用而造成滤料吸附能力的浪费。单层均质滤料在某些程度上克服了滤料的整体或部分"正粒度"分布给过滤带来的不良情况，因而水中的悬浮杂质能渗入滤料层深处并被截留。但在实际应用过程中，滤料需选用较大的粒径，其相应滤料层高度也需增加。即单层均质滤料滤池在用粗滤料过滤的条件下，为保证过滤过程的正常进行，滤料层的厚度应适当增加，这种增加对新建滤池是易于实现的，但给老水厂原有生产滤池的挖潜改造带来困难，因自来水厂各处理构筑物之间的高程配合有相应的要求。因此在不进行过多变动的情况下，经济有效地提高其过滤性能、调整滤料层结构成为给水处理提高过滤效果的重要发展方向。

为了克服传统单层级配滤料层水力分级和单层均质滤料层厚度较大的缺陷，研究人员开发了双层滤料和多层滤料。双层滤料就是在滤层上部放置一层粒径较大、密度较小的轻质滤料。双层滤料滤层过滤时，水先通过粗粒径滤料，之后通过细粒径滤料，这样可增加滤料层的截污容量，延长过滤周期，体现理想滤料层的概念。使用较早也较广泛的轻质滤料是无烟煤，无烟煤滤料的密度比石英砂的密度小，粒径比石英砂大，在反冲洗后无烟煤滤料仍保持在石英砂层上面。后来使用的轻质滤料还有人工陶粒、人工合成纤维等。由于受到天然材料的限制，生产中所采用的仍然只有双层和三层滤料。

对于滤料粒径与滤料层厚度基本一致的单层滤料与双层滤料的优劣问题，从原理上说，双层滤料更接近于理想滤层，故在同样过滤的条件下，双层滤料比单层滤料的水头损失增长较慢，因而工作周期较长。

2.5.4.5 配水系统和承托层

1. 配水系统

配水系统位于滤池底部，其作用：一是反冲洗时，使反冲洗水在整个滤池平面上均匀分布；二是过滤时，能均匀地收集滤后水。配水均匀性对反冲洗效果至关重要。若配水不均匀，水量小处，反冲洗强度低，滤层膨胀不足，滤料得不到足够的清洗；水量大处，因滤层膨胀过甚，造成滤料流失，反冲流速很大时，还会使局部承托层发生移动，过滤时造成漏砂现象。

根据配水系统反冲洗时产生的阻力大小，配水系统可分为大阻力、中阻力和小阻力三种系统。

（1）大阻力配水系统。常用的大阻力配水系统是"穿孔管大阻力配水系统"，如图2.5.58、图2.5.59所示。它是由居中的配水干管（或渠）和干管两侧接出的若干根间距

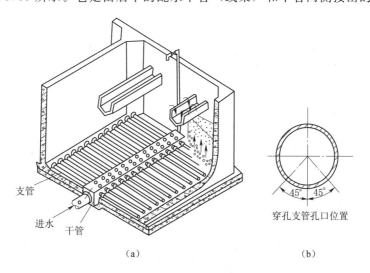

支管

进水　干管

（a）　　　　　　　　　（b）

穿孔支管孔口位置

图 2.5.58　穿孔管大阻力配水系统

（a）池体；（b）穿孔支管开孔位置

图 2.5.59　穿孔管大阻力配水系统实物图

相等且彼此平行的支管构成。在支管下部开有两排与管中心铅垂线成 45°角且交错排列的配水孔。反冲洗时，水流从干管起端进入后流入各支管，由各支管孔口流出，再经承托层自下而上对滤料层进行冲洗，最后流入排水槽。

（2）中、小阻力配水系统。在中、小阻力配水系统中不再采用穿孔管系统而通常采用较大的底部配水空间，其上铺设钢筋混凝土穿孔滤板，如图 2.5.60（a）和（c）所示。由于水流进口断面积大、流速较小，底部配水室内压力将趋于均匀，从而达到均匀配水的目的。

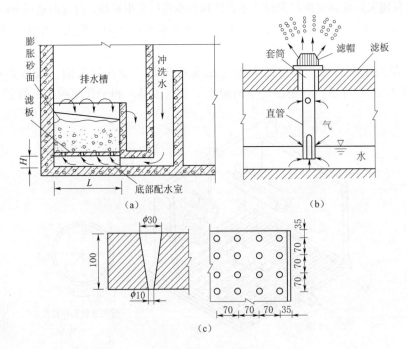

图 2.5.60　小助力配水系统（单位：mm）

（a）小阻力配水系统底部配水空间；（b）长柄滤头；（c）钢筋混凝土穿孔滤板

另外，滤池采用气、水反冲洗时，还可以采用长柄滤头，如图 2.5.60（b）、图

2.5.61 所示。

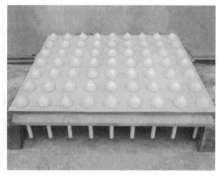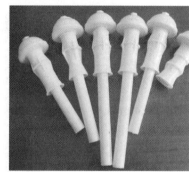

图 2.5.61 长柄滤头实物图

小阻力配水系统的配水均匀性取决于开孔比的大小,开孔比越大,则孔口阻力越小,配水均匀性越差。小阻力配水系统的开孔比通常都大于 1.0%,水头损失一般小于 0.5m。

由于其配水均匀性较大阻力配水系统差,故使用有一定的局限性,一般多用于单格面积不大于 20m² 的无阀滤池、虹吸滤池等。

由于孔口阻力与孔口总面积或开孔比成反比,故开孔比越大,孔口阻力越小。大阻力配水系统如果增大开孔比到 0.60%～0.80%,就可以减小孔眼中的流速,从而减少配水系统的阻力。所谓"中阻力配水系统",就是指其开孔比介于大、小阻力配水系统之间,水头损失一般为 0.5～3.0m。中阻力配水系统的配水均匀性优于小阻力配水系统。常见的中阻力配水系统有穿孔滤砖等,如图 2.5.62 所示。

2. 承托层

承托层设于滤料层和底部配水系统之间。其作用:①支承滤料,防止过滤时滤

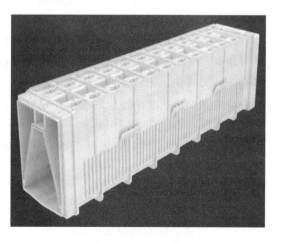

图 2.5.62 穿孔滤砖

料通过配水系统的孔眼流失，为此要求反冲洗时承托层不能发生移动；②反冲洗时均匀地向滤料层分配反冲洗水。滤池的承托层一般由一定级配天然卵石或砾石组成，铺装承托层时应严格控制好高程，分层清楚，厚薄均匀，且在铺装前应将黏土及其他杂质清除干净。

对于三层滤料滤池，考虑到下层滤料粒径小、重度大，承托层上层应采用重质矿石，以免反冲洗时承托层移动。

如果采用中、小阻力配水系统，承托层可以不设，或者适当铺设一些粗砂或细砾石，视配水系统具体情况而定。

2.5.4.6 滤池的反冲洗

滤池过滤一段时间后，当水头损失增加到设计允许值或滤后水质不符合要求时，滤池须停止过滤进行反冲洗。反冲洗的目的是清除截留在滤料层中的杂质，使滤池在短时间内恢复过滤能力，如图 2.5.63 所示。

图 2.5.63 滤池反冲洗
（a）气、水反冲洗；（b）水冲洗

1. 滤池反冲洗方法

快滤池的反冲洗方法有三种：高速水流反冲洗；气、水反冲洗；表面辅助冲洗加高速水流反冲洗。

高速水流反冲洗是当前我国广泛采用的一种反冲洗方法，其操作简便，滤池结构和设备简单。故本节作为重点介绍。

（1）高速水流反冲洗。高速水流反冲洗是利用高速水流反向通过滤料层时，产生的水流剪力和流态变化造成滤层滤料颗粒间碰撞摩擦的双重作用，把截留在滤料层中的杂质从滤料表面剥落下来，然后被冲洗水带出滤池。为了保证反冲洗达到良好效果，要求必须有一定的冲洗强度、适宜的滤层膨胀度和足够的冲洗时间。这三点被称为反冲洗三要素，生产中仅应根据滤料层的类别来确定。

1）滤层膨胀度。滤层膨胀度是指反冲洗时滤层膨胀后所增加的厚度与滤层膨胀前厚度之比，用 e 表示：

$$e = \frac{L - L_0}{L_0} \times 100\% \tag{2.5.1}$$

式中 L_0——滤层膨胀前厚度，cm；
　　　L——滤层膨胀后厚度，cm。

2) 反冲洗强度。反冲洗强度是指单位面积滤层上所通过的冲洗流量，以 L/(s·m²) 计。也可换算成反冲洗流速，以 cm/s 计，1cm/s＝10L/(s·m²)。

冲洗效果决定于反冲洗强度（即冲洗流速）。反冲洗强度过小时，滤层膨胀度不够，滤层孔隙中水流剪力小，截留在滤层中的杂质难以被剥落掉，滤层冲洗不净；反冲洗强度过大时，滤层膨胀度过大，由于滤料颗粒过于离散，滤层孔隙中水流剪力降低、滤料颗粒间相互碰撞摩擦的几率减小，滤层冲洗效果差，严重时还会造成滤料流失。故反冲洗强度过大或过小，冲洗效果均会降低。

生产中，反冲洗强度的确定还应考虑水温的影响，夏季水温较高，水的黏度较小，所需反冲洗强度较大；冬季水温低，水的黏度大，所需的反冲洗强度较小。一般来说，水温增减 1℃，反冲洗强度相应增减 1％。

3) 冲洗时间。冲洗时间长短也影响到滤池的冲洗效果。当冲洗强度和滤层膨胀度都满足要求但反冲洗时间不足时，滤料颗粒表面的杂质因碰撞摩擦时间不够而不能得到充分清除；同时，反冲洗废水也因排除不彻底导致污物重返滤层，覆盖在滤层表面而形成"泥膜"或进滤料层形成"泥球"。因此，足够的冲洗时间也是保证冲洗效果的关键，可根据冲洗废水的允许浊度决定。

对于非均匀滤料，在一定冲洗强度下，粒径小的滤料膨胀度大，粒径大的滤料膨胀度小。因此，要同时兼顾粗、细滤料膨胀度要求是不可能的。理想的膨胀度应该是截留杂质较多的上层滤料恰好完全膨胀起来而下层最大颗粒滤料刚刚开始膨胀，才能获得较好的冲洗效果。因此，设计或操作中，可以以最粗滤料刚开始膨胀作为确定冲洗强度的依据。如果由此而导致上层细滤料膨胀度过大甚至引起滤料流失，滤料级配应加以调整。

(2) 气、水反冲洗。高速水流反冲洗虽然操作方便，池子和设备较简单，但冲洗耗水量大，水力分级现象明显，而且，未被反冲洗水流带走的大块絮体沉积于滤层表面后，极易形成"泥膜"，妨碍滤池正常过滤。因此，为了改善反冲洗效果，需要采取一些辅助冲洗措施，如气、水反冲洗等。气、水反冲洗的原理是：利用压缩空气进入滤池后，上升空气气泡产生的振动和擦洗作用，将附着于滤料表面杂质清除下来并使之悬浮于水中，然后再用水反冲把杂质排出池外。空气由鼓风机或空气压缩机和储气罐组成的供气系统供给，冲洗水由冲洗水泵或冲洗水箱供应，配气、配水系统多采用长柄滤头。气、水反冲操作方式有以下几种：

1) 先进入压缩空气擦洗，再进入水反冲。

2) 先进入气、水同时反冲，再进入水反冲。

3) 先进入压缩空气擦洗，再进入气、水同时反冲，最后进入水反冲。

确定冲洗程序、冲洗时间和冲洗强度时，应考虑滤池构造、滤料种类、密度、粒径级配及水质水温等因素。目前，我国还没有气、水反冲洗控制参数和要求的统一规定。生产中，多根据经验选用。

采用气、水反冲洗有以下优点：空气气泡的擦洗能有效地使滤料表面污物破碎、脱落，故冲洗效果好，节省冲洗水量；冲洗时滤层不膨胀或微膨胀，不产生或不明显产生水力分级现象，从而提高滤层含污能力。但气、水反冲洗需增加气冲设备（鼓风机或空气压缩机和储气罐），池子结构及冲洗操作也较复杂。国外采用气、水反冲比较普遍，我国近年来气、水反冲也日益增多。

2. 滤池反冲洗的要求

滤池反冲洗是各种滤池运行中不可缺少的环节。冲洗质量的好坏，影响滤后水质，工作周期和滤池使用寿命。对滤池冲洗质量的基本要求是：

（1）冲洗水流要均匀，不发生气泡上升，冲洗后滤料表面平坦不产生起伏和裂缝。

（2）冲洗开始时，排出水很浑，浊度超过 500NTU，1～3min 后，浊度迅速下降，逐渐变清，结束时能小于 10～20NTU。这种情况说明冲洗过程良好。如果冲洗时排出的水一直不太浑，则反而是不正常的。

（3）每次冲洗后重新过滤时各个滤池本身开始的水头损失应是一样的。如果冲洗后开始的水头损失较大，则说明冲洗不够彻底。

（4）定期测定冲洗后上部滤层的含泥量，如含泥量超过要求就要查清并采取适当的措施。

3. 冲洗水的供给

普通快滤池反冲洗水供给方式有两种：冲洗水泵和冲洗水塔（箱）。水泵冲洗建设费用低，冲洗过程中冲洗水头变化较小，但由于冲洗水泵是间隙工作且设备功率大，在冲洗的短时间内耗电量大，使电网负荷极不均匀；水塔（箱）冲洗操作简单，补充冲洗水的水泵较小，并允许在较长的时间内完成，耗电较均匀，但水塔造价较高。若有地形时，采用水塔（箱）冲洗较好。

（1）冲洗水塔（箱）。水塔（箱）冲洗如图 2.5.64 所示，为避免冲洗过程中冲洗水头相差太大，水塔（箱）内水深不宜超过 3m。水塔（箱）容积按单格滤池所需冲洗水量的1.5 倍计算。

（2）水泵冲洗。水泵冲洗如图 2.5.65 所示，冲洗水泵要考虑备用，可单独设置冲洗泵房，也可设于二级泵站内。

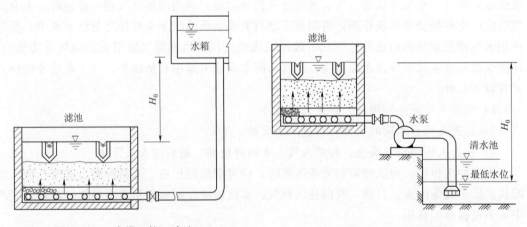

图 2.5.64 水塔（箱）冲洗　　　　　　　图 2.5.65 水泵冲洗

快滤池冲洗水的供给除采用上述冲洗水泵和冲洗水塔（箱）两种方式外，虹吸滤池、移动罩滤池、无阀滤池等则是利用同组其他格滤池的出水及其水头进行反冲洗，而无须设置冲洗水塔（箱）或冲洗水泵。

4．冲洗废水的排除

滤池冲洗废水的排除设施包括反冲洗排水槽和废水渠。反冲洗时，冲洗废水先溢流入反冲洗排水槽再汇集到废水渠后排入下水道（或回收水池），如图2.5.66所示。

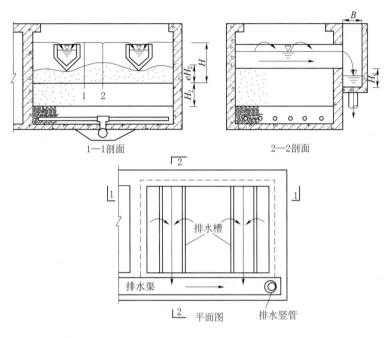

图 2.5.66　反冲洗废水排除示意图

（1）反冲洗排水槽。为了及时均匀地排除冲洗废水，反冲洗排水槽设计应符合以下要求：

1）冲洗废水应自由跌落进入反冲洗排水槽，再由反冲洗排水槽自由跌落进入废水渠，以避免形成壅水，使排水不畅而影响冲洗均匀。为此，要求反冲洗排水槽内水面以上保持7cm左右的超高，废水渠起端水面低于反冲洗排水槽底20cm。

2）反冲洗排水槽口应力求水平一致，以保证单位槽长的溢流量相等。故施工时其误差应限制在2mm以内。

3）反冲洗排水槽总平面面积一般应小于25％的滤池面积，以免影响上升水流的均匀性。

4）相邻两槽中心距一般为1.5～2.0m，间距过大会影响排水的均匀性。

5）反冲洗排水槽高度要适当。槽口太高，废水排除不净；槽口太低，会使滤料流失。为避免冲走滤料，滤层膨胀面应控制在槽底以下。

（2）废水渠。如图2.5.66所示，废水渠为矩形断面，沿滤池池壁一侧布置。当滤池面积很大时，为使排水均匀，废水渠也可布置在滤池中间。

2.5.4.7　影响过滤的主要因素

影响过滤的因素很多，也很复杂。但一般认为主要有以下几点。

1．沉淀池的出水浊度

沉淀池出水浊度直接影响滤池的过滤质量和运行周期。经过良好的絮凝、沉淀后浊度较小，即便以较高的滤速运行，也可获得满意的过滤效果。相反，如果沉淀出水浊度高，滤池内水头损失便很快增长，工作周期显著缩短，出水水质无法保证，水厂都要根据出厂水浊度的要求制定内部控制指标，一般沉淀出水浊度宜控制在 2～3NTU 以下。

2. 滤速

滤速大，出水量也大，滤池的负荷增加，容易影响出水水质，缩短工作周期；滤速低，出水浊度底，工作周期就长。但考虑国内实际情况，从兼顾水质、水量和运行要求出发，滤速宜控制在 6～8m/s 为好，如果由于水量需要滤速已经超出正常范围，宜将滤料改为双层滤料。

3. 滤料粒径与级配

滤料是滤池的主要部分，是滤池工作好坏的关键，滤料的粒径与级配、滤层的厚度直接影响出水水质、工作周期和冲洗水量。

滤料粗，滤速就大，水头损失增长就慢、工作周期也长，但杂质穿透深度大，如果滤层厚度不够就会影响出水水质，滤料粗还需要有较高的冲洗强度。

双层滤料或三层滤料因为上层滤料质轻粒大，所以既能增加滤速又不需要大幅提高冲洗强度，因此是提高滤速的重要途径。

4. 冲洗条件

经过一个周期，滤层内特别是上部截流了大量泥渣和其他杂质，把这些杂质冲洗干净恢复到过滤前的状态是过滤能够持续进行的重要条件。合理的冲洗条件包括要求合理的冲洗强度、正确的冲洗方法，保持一定的滤层膨胀度和冲洗时间。

5. 水温

水温也是影响过滤的一个因素。水温低，水的黏度大，水中杂质不易分离，因此在滤层中穿透深度就大。冬季水温低，如要维持相同的出水水质，滤速应该小一些。

6. 原水加氯

对受有机污染的原水采取原水加氯，不仅有利于絮凝沉淀和消毒，而且也由于灭活了水中的藻类，可以防止滤层堵塞、改善过滤性能、提高出水水质。但原水加氯会增加三卤甲烷等有机氯的有害成分，因此要适当控制。

7. 投加助滤剂

对滤池，尤其是直接过滤的滤池，如果在原水浊度较高时，或水温较低时再加注一些助滤剂，可以改善过滤性能。加注量要严格控制，否则会影响滤池的工作周期。

综上所述，对过滤来说，在确保出水水质的前提下如果需要增加出水量、提高过滤速度则主要是依靠降低沉淀出水浊度、合理选配滤料、维持良好的冲洗条件等。

2.5.4.8　虹吸滤池

虹吸滤池（图 2.5.67）是快滤池的一

图 2.5.67　虹吸滤池实物图

种形式。如图 2.5.68 所示,虹吸滤池以虹吸管代替进水阀门和排水阀门,利用虹吸原理进水和排出洗砂水。滤池一般由 6～8 个单元滤池组成一个整体,各格出水互相连通,每个滤格均在等滤速变水位条件下运行。利用小阻力配水系统和池子本身的水位来进行反冲洗,不需另设冲洗水箱或水泵,加之较易利用水力自动控制池子的运行,所以已较多地得到应用。

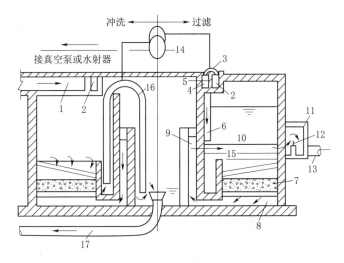

图 2.5.68 虹吸滤池示意图

1—进水槽;2—配水槽;3—进水虹吸管;4—单元滤池进水槽;5—进水堰;6—布水管;7—滤层;
8—配水系统;9—集水槽;10—出水管;11—出水井;12—出水堰;13—清水管;14—真空罐;
15—冲洗虹吸管;16—排水虹吸辅助管;17—排水管

图 2.5.68 的右半部表示过滤时的情况:澄清后的水由进水槽流入滤池上部的配水槽,经进水虹吸管流入单元滤池进水槽,再经过进水堰(调节单元滤池的进水量)和布水管流入滤池。水经过滤层和配水系统而流入集水槽,再经出水管流入出水井,通过控制堰流出滤池。

滤池在过滤过程中滤层的含污量不断增加,水头损失不断增长,要保持出水堰上的水位,即维持一定的滤速,则滤池内的水位应该不断地上升,才能克服滤层增长的水头损失。

当滤池内水位上升到预定的高度时,水头损失达到了最大允许值(一般采用 1.5～2.0m),滤层就需要进行冲洗。

图 2.5.68 的左半部表示滤池冲洗时的情况:首先破坏进水虹吸管的真空,则配水槽的水不再进入滤池,滤池继续过滤。起初滤池内水位下降较快,但很快就无显著下降,此时就可以开始冲洗。利用真空罐抽出冲洗虹吸管中的空气,形成虹吸,并把滤池内的存水通过冲洗虹吸管抽到池中心的下部,再由排水虹吸辅助管排走。此时滤池内水位降低,当清水槽的水位与池内水位形成一定的水位差时,冲洗工作就正式开始了。冲洗水的流程与普通快滤池相似。当滤料冲洗干净后,破坏冲洗虹吸管的真空,冲洗立即停止,然后,再启动进水虹吸管,滤池又可以进行过滤。

冲洗水头一般采用 1.1～1.3m。是由集水槽的水位与冲洗排水槽顶的高差来控制的。

滤池平均冲洗强度一般采用 $10\sim15L/(s\cdot m^2)$，冲洗历时 5~6min。一个单元滤池在冲洗时，其他滤池会自动调整增加滤速使总处理水量不变。由于滤池的冲洗水是直接由集水槽供给，因此一个单元滤池冲洗时，其他单元滤池的总出水量必须满足冲洗水量的要求。

2.5.4.9　无阀滤池

无阀滤池是种不需要阀门的快滤池，无阀滤池在运行的过程中，出水的水位保持恒定不变，进水的水位则随着滤层水头损失阀增加而不断在吸管内上升，当水位上升到虹吸管管顶，并形成虹吸时，就开始自动滤层反冲洗，冲洗掉废水沿虹吸管排出池外，如图 2.5.69 和图 2.5.70 所示。

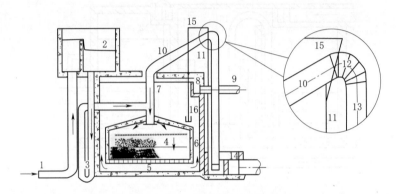

图 2.5.69　无阀滤池示意图

1—进水管；2—进水分配箱；3—U 形水封管；4—滤层；5—集水区；6—连通管；7—冲洗水箱；

8—出水槽；9—出水管；10—虹吸上升管；11—虹吸辅助管；12—抽气管；

13—虹吸下降管；14—排水井；15—虹吸破坏管；16—虹吸破坏斗

图 2.5.70　无阀滤池实物图

含有一定浊度的原水通过高位进水分配槽由进水管经挡板进入滤料层，过滤后的水由连通渠进入水箱并从出水管排出净化水。当滤层截留物多，阻力变大时，水由虹吸上升管上升，当水位达到虹吸辅助管口时，水便从此管中急剧下落，并将虹吸管内的空气抽走，使管内形成真空，虹吸上升管中水位继续上升。此时虹吸下降管将水封井中的水也吸上至一定高度，当虹吸上升管中水与虹吸下降管中上升的水相汇合时，虹吸即形成，水流便冲出管口流入水封井排出，反冲洗即开始。因为虹吸流量为进水流量的 6 倍，一旦虹吸形成，进水管来的水立即被带入虹吸管，水箱中水也立即通过连通渠沿着过滤相反的方向，自下而上地经过滤池，自动进行冲洗。冲洗水经虹吸上升管流到水封井中排出。当水箱中水位降到虹吸破坏斗缘口以下时，虹吸破坏管即将斗中水吸光，管口露出水面，空气便大量由破坏管进入虹吸管，破坏虹吸，反冲洗即停止，过滤又重新开始。

无阀滤池的特点是：无阀门，可实现自动过滤自动反冲洗，操作管理方便；但池体结构复杂，滤料处于封闭结构中，装、卸困难；池体较高。

2.5.5 消毒

天然水由于受到生活污水和工业废水的污染而含有各种微生物，其中包括能致病的细菌性病原微生物和病毒性病原微生物，它们大多黏附在悬浮颗粒上，水经过混凝沉淀过滤处理后，可以去除绝大多数病原微生物，但还难以达到生活饮用水的细菌学指标。

消毒的目的就是杀死各种病原微生物，防止水致疾病的传播，保障人民身体健康。消毒是生活饮用水处理中必不可少的一个步骤，它对饮用水细菌抑制起保证作用。我国饮用水标准规定：细菌总数不超过 100 个/mL，大肠菌群不超过 3 个/L。

消毒方法很多，给水处理中最常用的是氯消毒法。氯消毒具有经济、有效、使用方便等优点，应用历史最久。但自从 20 世纪 70 年代发现受污染水源经氯化消毒会产生三氯甲烷致癌物以后，对氯消毒的副作用便引起了广泛重视，并对其危害程度也存在争议。目前，氯消毒仍是最广泛使用的一种消毒方法，而其他消毒方法也日益受到重视。

2.5.5.1 二氧化氯消毒

二氧化氯（ClO_2）用于受污染水源消毒时，可减少氯化有机物的产生，故二氧化氯作为消毒剂日益受到重视，二氧化氯发生设备如图 2.5.71 所示。

二氧化氯气体具有与氯相似的刺激性气味，易溶于水。它的溶解度是氯气的 5 倍。ClO_2 水溶液的颜色随浓度增加由黄绿色转成橙色。ClO_2 在水中是纯粹的溶解状态，不与水发生化学反应，故它的消毒作用受水的 pH 值影响极小，这是与氯消毒的区别之一。

在较高 pH 值下，ClO_2 消毒能力比氯强。ClO_2 易挥发，稍一曝气即可从溶液中逸出。气态和液态 ClO_2 均易爆炸，温度

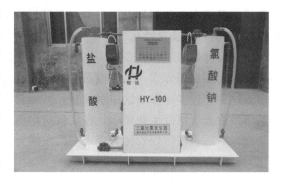

图 2.5.71 二氧化氯发生装置

升高、曝光、与有机质接触时也会发生爆炸，所以 ClO_2 通常在现场制备，制备的原料为亚氯酸钠与氯气。ClO_2 制取方法主要是：

$$2NaClO_2 + Cl_2 \longrightarrow 2ClO_2 + 2NaCl$$

由于亚氯酸钠较贵，且 ClO_2 生产出来即须使用，不能贮存，所以，只有水源污染严重（尤其是氨或酚的含量达几个 mg/L），而一般氯消毒有困难时，才采用 ClO_2 消毒。

ClO_2 对细菌壁的穿透能力和吸附能力都较强，从而有效地破坏细菌内含硫基的酶，它可控制微生物蛋白质的合成，因此，ClO_2 对细菌、病毒等有很强的灭活能力。ClO_2 消毒如制备过程中不产生自由氯，则对有机物污染的水也不会产生三卤甲烷。ClO_2 仍可保持其全部杀菌能力。此外，ClO_2 还有很强的除酚能力，且消毒时不产生氯酚臭味。

ClO_2 消毒虽具有一系列优点，但生产成本高，且生产出来后即须使用，不能贮存。

2.5.5.2 漂白粉消毒

漂白粉（图 2.5.72 和图 2.5.73），由氯气和石灰加工而成，其组成复杂，可简单表示为 $CaOCl_2$，有效氯约为 30%～80%。漂白粉分子式为 $Ca(OCl)_2$，为白色粉末，有氯的气

味，易受光、热和潮气作用而分解使有效氯降低，故必须放在阴凉干燥和通风良好的地方。漂白粉加入水中反应如下：

$$2CaOCl_2 + 2H_2O \Longrightarrow 2HOCl + Ca(OH)_2 + CaCl_2$$

反应后生成 HOCl，因此，消毒原理与氯气相同。

图 2.5.72 漂白粉

图 2.5.73 井水投加漂白粉

漂白粉需配制成溶液后再进行投加，溶解时先调成糊状物，然后再加水配成 $1.0\% \sim 2.0\%$（以有效氯计）浓度的溶液。当投加在滤后水中时，溶液必须经过 $4 \sim 24h$ 澄清，以免杂质带进清水中；若加入浑水中，则配制后可立即使用。

2.5.5.3 消毒设备自动化

由于农村供水工程点多面广，运行检测手段缺乏、落后，管理人员水平不高，过去较多采用的人工加药方式，无法根据运行情况变化及时调整加药量，常常造成管网中余氯量过多或过少，过多则影响饮用水口感，甚至对人体产生副作用，老百姓不愿意喝；而过少则达不到杀灭管网微生物要求，存在致病隐患。因此，对于农村供水来说，推广消毒设备自动化，是适合现阶段农村管理水平的发展方向。下面介绍几种农村供水工程中常用的自动化消毒设备。

（1）二氧化氯发生器。

（2）缓释消毒器。缓释消毒器采用化学反应，自动缓释延时压力加氯工艺，以含氯量 75% 以上的固体药剂为主要原料，水与药剂合理混合后产生的消毒杀菌液投加到水池、水井、管道中，达到灭菌作用，如图 2.5.74 所示。

缓释消毒器具有结构简单、制作成本和使用成本低、消毒药剂投入量精确的优点，而且一次放入消毒药剂后可以使用很久，不需要专人操作。

图 2.5.74 缓释消毒器实物图

2.5.6 其他处理工艺

2.5.6.1 地下水除铁、除锰

地表水中由于含有丰富的溶解氧，水中铁、锰主要以不溶解的 $Fe(OH)_3$ 和 MnO_2 存在，故铁、锰含量不高，一般无需进行除铁、除锰处理。而含铁、含锰地下水在我国分布很广，我国地下水中铁的含量一般为 $5 \sim 10mg/L$，锰的含量一般为 $0.5 \sim 2.0mg/L$。地下水中铁、锰含量高时，会使水产生异色、异嗅、异味，使用不便，若作为造纸、纺织、化

工、食品制革等生产用水，会影响其产品的质量。

我国《生活饮用水卫生标准》（GB 5749—2006）中规定，铁的含量不得超过 0.3mg/L，锰的含量不得超过 0.1mg/L。超过标准规定的原水须经除铁、除锰处理。

1. 地下水除铁方法

地下水中的铁主要是以溶解性二价铁离子的形态存在。二价铁离子在水中极不稳定，向水中加入氧化剂后，二价铁离子迅速被氧化成三价铁离子，由离子状态转化为絮凝胶体[$Fe(OH)_3$]状态，从水中分离出去。常用于地下水除铁的氧化剂有氧、氯和高锰酸钾等，其中以利用空气中的氧气最为方便、经济。利用空气中的氧气进行氧化除铁的方法分为自然氧化除铁法和接触氧化除铁法两种。在我国地下水除铁技术中，应用最为广泛的是接触氧化除铁法，本节进行着重介绍。

含铁地下水经曝气充氧后，水中的二价铁离子发生如下反应：

$$4Fe^{2+} + O_2 + 10H_2O = 4Fe(OH)_3 + 8H^+$$

经研究表明，二价铁的氧化速率与水中二价铁、氧、氢氧根离子的摩尔浓度有关，pH 值对氧化除铁过程有很大影响。实践证明，提高 pH 值可使二价铁的氧化速率提高，如果 pH 值降低，二价铁的氧化速率则明显变慢，二价铁的氧化速率与 pH 值的关系如图 2.5.75 所示。

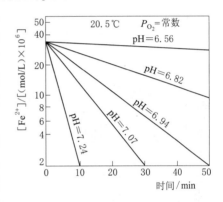

图 2.5.75 二价铁氧化速率与 pH 值关系

在自然氧化除铁过程中，由于二价铁的氧化速率比较缓慢，需要一定的时间才能完成氧化作用，但如果有催化剂存在时，可因催化作用大大缩短氧化时间。接触氧化除铁法就是使含铁地下水经过曝气后不经自然氧化的反应和沉淀设备，立即进入滤池中过滤，利用滤料颗粒表面形成的铁质活性滤膜的接触催化作用，将二价铁氧化成三价铁，并附着在滤料表面上。其特点是催化氧化和截留去除，在滤池中一次完成。接触氧化法除铁包括曝气和过滤两个单元。

1）曝气。曝气的目的就是向水中充氧。根据二价铁的氧化反应式可计算出除铁所需理论氧量，即每氧化 1mg/L 的二价铁需氧 0.14mg/L。但考虑到水中其他杂质也会消耗氧及氧在水中扩散等因素，实际所需的溶解氧量通常为理论需氧量的 3～5 倍。

曝气装置有多种形式，常用的有跌水曝气、喷淋曝气、射流曝气、莲蓬头曝气、曝气塔曝气等。

图 2.5.76 为射流曝气装置，利用压力滤池出水回流的高压水流通过水射器时的抽吸作用吸入空气，进入深井泵吸水管中。该曝气装置具有曝气效果好、构造简单、管理方便等优点，适合于地下水中铁、锰的含量不高且无需消除水中二氧化碳以提高 pH 值的小型除铁锰装置。

图 2.5.77 所示为莲蓬头曝气装置，每 1.0～1.5m² 滤池面积安装一个莲蓬头，莲蓬头距滤池水面 1.5～2.5m，莲蓬头上的孔口直径为 4～8mm，孔口与中垂线夹角不大于 45°，孔眼流速 1.5～2.5m/s。该曝气装置具有曝气效果好、运行可靠、构造简单、管理方便等

优点，但莲蓬头因易堵塞需经常更换。

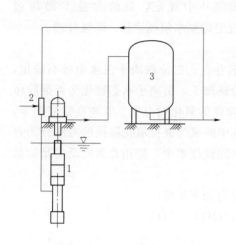

图 2.5.76　射流曝气装置

1—深井泵；2—水射器；3—除铁滤池

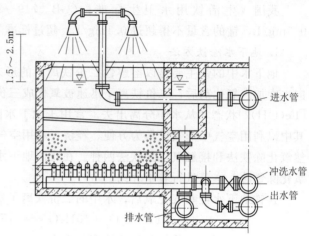

图 2.5.77　莲蓬头曝气装置

进水管

冲洗水管

出水管

排水管

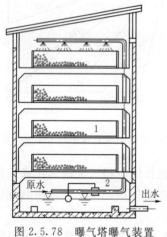

图 2.5.78　曝气塔曝气装置

1—焦炭层；2—浮球阀

图 2.5.78 所示为曝气塔曝气装置，它是利用含铁、锰的水在以水滴或水膜的形式自塔顶的穿孔管喷淋而下通过填料层时溶入氧。在曝气塔中填有多层板条或 1～3 层厚度为 300～400mm 的焦炭或矿渣填料层。该曝气装置的特点是水与空气接触时间长，充氧效果好。但当水中含铁、锰量较高时，易使填料堵塞。

2）过滤。滤池可采用重力式快滤池或压力式滤池，滤速一般为 5～10m/h。滤料可以采用石英砂、无烟煤或锰砂等。滤料粒径：石英砂为 0.5～1.2mm，锰砂为 0.6～2.0mm。滤层厚度：重力式滤池为 700～1000mm，压力式滤池为 1000～15000mm。

滤池刚投入使用时，初期出水含铁量较高，一般不能达到饮用水水质标准。随着过滤的进行，在滤料表面覆盖有棕黄色或黄褐色的铁质氧化物即具有催化作用的铁质活性滤膜时，除铁效果才显示出来，一段时间后即可将水中含铁量降到饮用水标准，这一现象称为滤料的"成熟"。从过滤开始到出水达到处理要求的这段时间，称为滤料的成熟期。无论采用石英砂或锰砂为滤料，都存在滤料"成熟"这样一个过程，只是石英砂的成熟期较锰砂要长，但成熟后的滤料层都会有稳定的除铁效果。滤料的成熟期与滤料本身、原水水质及滤池运行参数等因素有关，一般为 4～20d。

2. 地下水除锰方法

锰的化学性质与铁相近，常与铁共存于地下水中，但铁的氧化还原电位比锰要低，相同 pH 值时，二价铁比二价锰的氧化速率快，二价铁的存在会阻碍二价锰的氧化。因此，对于铁、锰共存的地下水，应先除铁再除锰。

地下水的含铁量和含锰量均较低时，除锰时所采用的工艺流程为：

$$\text{地下水}\longrightarrow\text{曝气}\longrightarrow\text{催化氧化过滤}\longrightarrow\text{出水}$$

二价锰氧化反应如下：

$$2Mn^{2+}+O_2+2H_2O\Longrightarrow 2MnO_2+4H^+$$

含锰地下水曝气后，进入滤池过滤，高价锰的氢氧化物逐渐附着在滤料表面，形成黑色或暗褐色的锰质活性滤膜（称为锰质熟砂），在锰质活性滤膜的催化作用下，水中溶解氧在滤料表面将二价锰氧化成四价锰，并附着在滤料表面上。这种在熟砂接触催化作用下进行的氧化除锰过程称为接触氧化除锰工艺。

在接触氧化法除锰工艺中，滤料也同样存在一个成熟期，但成熟期比除铁的要长得多。其成熟期的长短首先与水的含锰量有关：高含锰量的水质，成熟期约需 60～70d，而低含锰量的水质则需 90～120d，甚至更长；其次与滤料有关：石英砂的成熟期最长，无烟煤次之，锰砂最短。

根据二价锰的氧化反应式可计算出除锰所需理论氧量，即每氧化 1mg/L 的二价锰需氧 0.29mg/L，实际所需溶解氧量须比理论值高。除锰滤池的滤料可用石英砂或锰砂，滤料粒径、滤层厚度和除铁时相同。滤速为 5～8m/h。

3. 接触氧化法除铁、除锰工艺

当地下水的含铁量和含锰量均较低时，一般可采用单级曝气、过滤工艺，如图 2.5.79 所示。铁、锰可在同一滤池的滤层中去除，上部滤层为除铁层，下部滤层为除锰层。若水中含铁量较高或滤速较高时，除铁层会向滤层下部延伸，压缩下部的除锰层，剩余的滤层不能有效截留水中的锰，因而部分泄漏，滤后水不符合水质标准。为此，当水中含铁量、含锰量较高时，为了防止锰的泄漏，可采用两级曝气、过滤处理工艺，即第一级除铁，第二级除锰。其工艺流程如下：

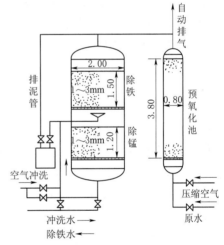

图 2.5.79　除铁除锰双层滤池（单位：mm）

$$\text{含铁、含锰地下水}\longrightarrow\text{曝气}\longrightarrow\text{除铁滤池}\longrightarrow\text{除锰滤池}\longrightarrow\text{出水}$$

除铁、除锰过程中，随着滤料的成熟，在滤料上不但有高价铁、锰混合氧化物形成的催化活性滤膜，而且还可以观测到滤层中有大量的铁细菌群体。由于微生物的生化反应速率远大于溶解氧氧化 Mn^{2+} 的速度，所以，铁细菌的存在对于长成活性滤膜有促进作用。

2.5.6.2　综合净水构筑物

以地表水为水源的水厂，一般包括取水、混凝、沉淀、过滤、消毒等工艺过程，所采用的各种构筑物均分别单独建造，不仅占地面积大，而且厂内联络管道较多，布置复杂，造价也较高。为了节省投资、减小占地、便于操作管理，近年来，在小型水厂中，相继采用了各种综合净水构筑物，对于营区供水来说，选用适合的综合净水构筑物能减少投资、便于管理。

综合净水构筑物目前主要有两种形式。一种是将主要净水构筑物综合建造成一个净水构筑物。其制水量从每日几百立方米至几万立方米。另一种是将主要净水工艺综合组装成一个单体设备，作为定型产品供应。制水量一般每日上百立方米至千余立方米。建设营区供水工程时，只要根据原水水质和需要的水量，选择合适的设备和配建必要的构筑物，即可组成完整的供水系统。

1. JSY 系列卧式一体化净水设备

（1）简述。该设备主要是以浊度不大于 1000NTU（>1000NTU 则另加前级预处理设备）的地表水或地下水（一般应设置除铁、除锰设备）为水源。原水经加药装置将絮凝剂搅拌均匀后，在提升泵的泵前或泵后（需设置耐腐蚀加药泵或计量泵和管道混合器）进行加药，通过混合絮凝、沉淀、过滤可去除水中颗粒、胶体悬浮物、藻类、微生物、细菌及有机物，出水清澈，达到工业用水的要求；如果用于生活饮用水或近似的要求则应增加杀菌消毒装置，以达到国家生活饮用水的水质标准。

该设备在进水端增加了絮凝池，使加药后在原水中反应得更好，增加了停留时间，使出水更加清澈，使得过滤周期加长。

（2）主要用途。用于江、河、湖、水库等地表水，中小城镇和工矿企业给水的净化；也适用于循环水、中水、生活污水、工业废水和医院污水的处理。

（3）型号表示方法。

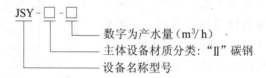

（4）技术参数。原水浊度≤1000NTU；进水压力≥0.2MPa；出水浊度≤5NTU；滤速：8～10m/h；反洗强度：14～15L/(s·m²)。

（5）设备技术参数见表 2.5.4。

表 2.5.4　　　　设　备　技　术　参　数　　　　单位：mm

产水量/（m³/h）	25	50	75	100	125	150
进水管 DN_1	65	80	100	125	125	150
出水管 DN_2	100	150	200	200	250	250
设备长度 L	3600	5550	6790	7900	9620	10500
设备宽度 B	1810	2300	2800	3200	3300	3600
设备高度 H	2900	3000	3100	3150	3200	3300
运行重量/t	22.5	44.5	67	89	112	133

（6）设备安装示意图如图 2.5.80 所示。

2. JS 系列一体化净水器

JS 系列一体化净水器实物图如图 2.5.81 所示。

（1）用途。常用于以江河、湖泊等地表水为水源的生活饮用水，工业用水的浊度净化也可用于生活污水、工业废水的深度回用处理。

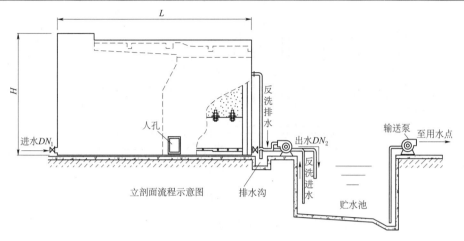

图 2.5.80 JSY 系列卧式一体化净水设备安装示意图

（2）工艺结构与特点。设备采用综合反应、沉淀和过滤三个净水工艺于一体，具有设备结构紧凑一体化，管理方便、占地少；工程基建量小、投产快、易组合配套，有利于工程分期建设；可间断或连续运行；性能稳定、处理效率高，工作无噪声等特点。

（3）JS-G 系列一体化净水器结构和基础图如图 2.5.82 和图 2.5.83 所示。

图 2.5.81 JS 系列一体化净水器实物图

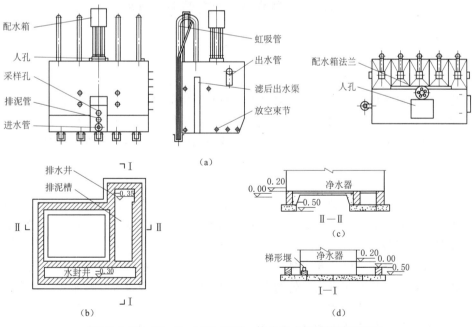

（a）

图 2.5.82 JS-G-1000 系列一体化净水器结构和基础图
（a）结构图；（b）平面图；（c）Ⅱ—Ⅱ剖面图；（d）Ⅰ—Ⅰ剖面图

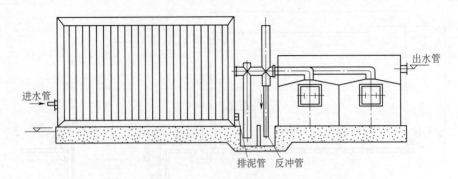

图 2.5.83 JS-G-6000 系列一体化净水器结构和基础图

（4）JS-G 系列一体化净水器工艺安装图如图 2.5.84 所示。

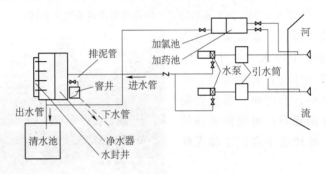

图 2.5.84 JS-G 系列一体化净水器工艺安装图

2.6 水泵泵房及调节构筑物

2.6.1 水泵基本知识

2.6.1.1 水泵的定义与分类

泵是一种能量转换的机械，它把动力机旋转时产生的机械能传递给所抽送的液体，使液体的能量（位能、压能、动能）增加。通常把抽送液体为水的泵称为水泵。

水泵的种类很多，结构各异，分类方法也各不相同，最基本的分类方法是按水泵的工作原理，将其分为以下三大类。

1. 叶片式水泵

叶片式水泵是利用叶轮旋转时产生离心力来工作的，由于其工作体是由若干弯曲状叶片组成的一个叶轮，故称为叶片式水泵。叶片式水泵按工作原理的不同，可分为离心泵、轴流泵和混流泵三种。

供水工程中最常用的叶片式水泵是离心泵。离心泵按照泵轴的装置方式不同，可分为卧式泵和立式泵；根据水流进入叶轮的方式不同，可分为单吸泵和双吸泵；根据泵轴上安装叶轮的个数可分为单级泵和多级泵。

叶片式水泵按照使用范围和结构特点分类，还可分为长轴井泵和潜水电泵等，长轴井泵具有长传动轴，泵体潜入井中抽水。根据扬程的不同，又分为浅水泵、深井泵和超深井长轴泵，潜水电泵的泵体与电动机连成一体潜入水中抽水。根据使用场合不同，又分为作业面潜水电泵、深井潜水电泵。

2. 容积式水泵

容积式水泵是利用工作室容积的周期性变化输送液体的。容积式泵又分为往复式泵和回转式泵两种。

3. 其他类型水泵

其他类型水泵是除叶片式泵和容积式泵以外的特殊泵型，习惯上称为其他类型泵。如射流泵、水锤泵、气升泵（又称空气扬水机）、螺旋泵、内燃泵等。

2.6.1.2 离心泵的工作原理

由物理学可知，做圆周运动的物体受到离心力的作用，若向心力不足或失去向心力，那么物体由于失去惯性就会沿圆周的切线方向飞出，形成离心运动，离心泵是利用叶轮旋转时对水产生的离心力来工作的。离心泵的工作原理如图 2.6.1 所示。水泵在抽水前，必须将泵内及吸水管内灌满水，灌水有两种方式，在吸水管底部装底阀用以防止灌水漏

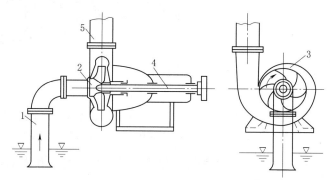

图 2.6.1 离心泵工作原理示意图
1—进水管；2—叶轮；3—泵体；4—泵轴；5—出水管

入进水池或用真空泵抽真空（进水管底部不装底阀时）。当动力机通过泵轴带动叶轮在泵壳内高速旋转时，其中水体也随着高速旋转，叶轮中的水在离心力的作用下被甩出叶轮外缘，汇集于断面逐渐增大的泵壳内，因而水流速度减慢，压力增加，于是高压水沿着出水管被压送至高处。水被甩出后，在叶轮进口处形成一定的真空值，而作用在进水池水面的压力为一个当地大气压，在此压力差的作用下，水就由进水池流经进水管进入叶轮。叶轮不停地旋转，水就不断地被甩出，又不断地被吸入，就形成了离心泵的连续输水，这就是离心泵的工作原理。

2.6.1.3 常用供水泵的类型与结构

1. 常用供水泵的类型

（1）单级单吸式离心泵。单级单吸式离心泵的结构特点是水流从叶轮的一侧吸入，泵轴为卧式且轴上只有一个叶轮，叶轮固定在泵轴的一端，泵的进、出水口互相垂直。单级单吸式离心泵的性能特点是流量小、扬程高。

IS 系列泵是我国水泵行业首批采用国际标准设计的单级单吸清水离心泵，其性能和规格均有较大扩展和改进。其性能范围是：流量 $6.3 \sim 400 \text{m}^3/\text{h}$，扬程 $5 \sim 125\text{m}$，配套电机功率 $0.55 \sim 110\text{kW}$，转速有 1450r/min 和 2900r/min 两种。其外形及结构如图 2.6.2 所示。

（2）单级双吸式离心泵。单级双吸式离心泵的结构特点如下：

1）水从叶轮的两侧吸入，故称为双吸。

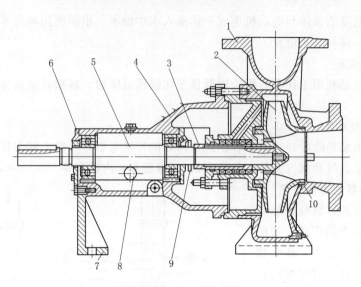

图 2.6.2　单级单吸式离心泵结构图

1—泵体；2—叶轮；3—轴套；4—轴承体；5—轴；6—轴承端盖；7—支架；8—油标；9—挡水圈；10—密封环

2）叶轮及泵轴由两端的轴承支承，故其受力和支承对称。

3）泵壳为水平中开式，即泵壳分为上部泵盖、下部泵体两部分，上、下两部分用双头螺栓联结成一体，检修时只要松开螺栓，揭开泵盖即可对泵体内部进行检修，检修方便。

4）水泵进出口均垂直于泵轴且在泵轴线下方，有利于进出水管路的布置与安装。

5）有两个减漏环和两个填料盒。

6）叶轮对称布置，运行时基本没有轴向力，故无需轴向力平衡装置。

7）其流量及扬程均较单级单吸式离心泵大。

常用的单级双吸式离心泵型号有 Sh、SA 和 S 等几种。其中 Sh 型为最常用泵型，其流量范围一般为 144～12500m³/h，扬程为 9～140m，最高扬程达 255m。单级双吸式离心泵外形图如图 2.6.3 所示，单级双吸式离心泵结构图如图 2.6.4 所示。

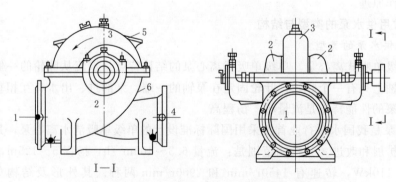

图 2.6.3　单级双吸式离心泵外形图

1—吸入口；2—半螺旋形吸入室；3—蜗形压出室；4—出水口；5—泵盖；6—泵体

水泵的正常转向是从动力机方向看水泵为逆时针方向旋转。一般来说，从水泵进口方

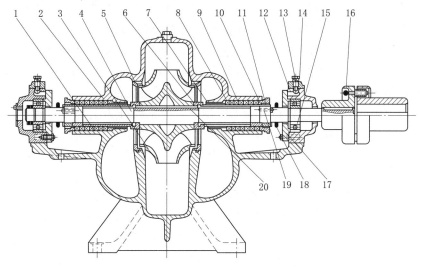

图 2.6.4 单级双吸式离心泵结构图

1—泵体；2—泵盖；3—叶轮；4—泵轴；5—双吸减漏环；6—轴套；7—填料套；8—填料；

9—填料环；10—压盖；11—轴套螺母；12—轴承体；13—固定螺钉；14—轴承体压盖；

15—单列向心球轴承；16—联轴器；17—轴承端盖；18—挡水圈；19—螺柱；20—键

向看机组，动力机布置在右侧。在进行泵站机组布置时，如将机组作横向双行排列，可以根据需要，将其中一行水泵的动力机布置在左侧，此时两行水泵的转向相反，在订购水泵时，应向水泵厂家注明。

（3）多级式离心泵。其结构特点是：多个叶轮被安装于同一泵轴上串联工作，轴上叶轮的个数代表泵的级数，泵的总扬程为各级叶轮扬程之和，级数越多扬程越高。根据泵壳联结方式可分为分段式和水平中开式两种泵型，分段式多级离心泵结构如图 2.6.5 所示。

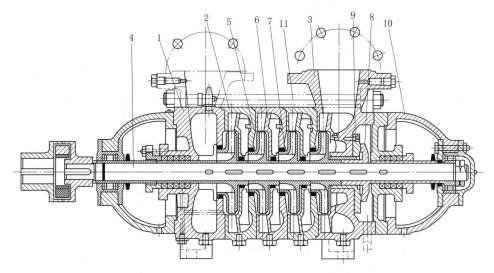

图 2.6.5 分段式多级离心泵结构图

1—吸入段；2—中段；3—压出段；4—轴；5—叶轮；6—导叶；7—密封环；

8—平衡盘；9—平衡圈；10—轴承部件；11—穿杠

常见的 D 型分段式多级离心泵由进水段、中段和出水段组成，各段由长螺栓连成一体。叶轮为单吸式，吸入口朝向同一方向排列，水流从吸入段吸入，顺序地由一级叶轮压出进入后一级叶轮，使能量逐级增加。在进出水段端部装有填料函和轴承，中段安装叶轮，每个叶轮前后均装有密封环。对于分段多级离心泵，其轴向力将随叶轮个数增加而增大，为了平衡轴向力，通常在水泵最后一级，安装平衡盘装置。

常见的水平中开多级卧式离心泵为 DK 型，它的泵壳分为上部泵盖和下部泵体两部分，泵体和泵盖的结合面在轴心线上，泵的进水口及出水口均在泵轴心线下方，与泵轴垂直。检修时无须拆下电动机和管路，操作方便。此外，它将各个单吸式叶轮作"面对面"或"背对背"对称布置。

D 型分段式多级卧式离心泵的性能范围是：流量 $3.75 \sim 1100 \mathrm{m^3/h}$，扬程 $54 \sim 1050 \mathrm{m}$；DK 型水平中开多级卧式离心泵的性能范围是：流量 $18 \sim 1368 \mathrm{m^3/h}$，扬程 $100 \sim 360 \mathrm{m}$。

（4）潜水泵。潜水泵的电动机和水泵连接在一起，完全浸没在水中工作。图 2.6.6 所示为潜水泵外形图，由潜水电动机、泵体和扬水管三部分组成。电源通过防水电缆送至潜水电动机，抽升的水经过扬水管送至地面。

潜水泵按使用场合分为作业面潜水泵和深井潜水泵。作业面潜水泵用于从浅井、沟、塘、河、湖中提水，移动方便，水泵部分大多为立式单级泵。深井潜水泵用于从深井中提水，提水高度大，水泵部分一般为立式多级泵。

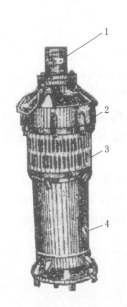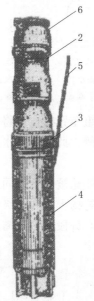

图 2.6.6　潜水泵

1—管接头；2—泵体；3—滤水网；
4—潜水电动机；5—电缆；6—逆止阀体

由于潜水泵安装在水池中，因此潜水电动机较一般电动机有特殊的结构要求，需防止电动机的定子、转子腔内进入非绝缘介质，以保证电机的绝缘强度。按定子腔内充入绝缘介质的不同，电动机可分为干式、半干式、湿式和充油式等几种类型。

干式电动机是在电动机轴伸端采用机械密封或气垫密封装置，进行严密的轴封，以阻止水浸入电动机内腔，保持电动机内干燥。但由于受密封结构的限制，浸入水下深度不能太大。半干式是把电动机定子与转子用屏蔽罩分开，使定子密封起来，与水隔离，而转子在水中运行。由于屏蔽罩的存在，气隙增大，影响了电动机的性能，目前已很少采用。湿式是电动机定子绕组采用防水绝缘导线。电动机内充满纯净的水，转子浸在水中运转，散热性能较好。这种泵对材质的要求较高，对部件的防锈蚀问题要求较严。充油式是在电动机内腔充满绝缘油，以阻止水和潮气侵害电动机绕组，并起到绝缘、冷却、润滑作用。电动机的绝缘油可以是有压的，也可以是无压的。为防止油的外泄和水的浸入，轴伸端仍需采用密封装置。当密封失效后，会使水源污染，故不适合提取生活用水。此外，电动机转子在油中旋转，阻力较大，电动机效率较低。

潜水电泵类型较多，目前井灌中使用较多的有 QJ 系列、QJ（R）系列（引进国外技术）、QFB 型压力充油式系列、QJC 系列及 RS 系列产品。

潜水泵的主要特点如下：

1）电动机与泵体合一，不用长的传动轴，重量轻。

2）电动机与水泵均潜入水中工作，可不需修建地面泵房，土建投资小。

2. 常用供水泵的型号

（1）离心泵。

1）IS125-100-250：IS 表示单级单吸离心泵，125 表示水泵进口直径为 125mm，100 表示水泵出口直径为 100mm，250 表示叶轮直径为 250mm。

2）24Sh-19A：24 表示水泵进口直径为 24 英寸（1 英寸≈25mm），Sh 表示单级双吸卧式离心泵，19 表示该泵的比转数为 190，A 表示叶轮外径经过第一次车削。

3）80D12×6：80 表示进口直径为 80mm，D 表示多级单吸分段式离心泵，12 表示单级扬程为 12m，6 表示叶轮级数为 6 级。

（2）潜水泵。

1）150QJ20-48/8：150 表示适用最小井径为 150mm，QJ 表示井用潜水泵，20 表示流量为 $20m^3/h$，48 表示扬程为 48m，8 表示叶轮级数为 8 级。

2）100QW30-22-5.5：100 表示水泵出口直径为 100mm，QW 表示潜水排污泵，30 表示流量为 $30m^3/h$，22 表示扬程为 22m，5.5 表示电动机功率为 5.5kW。

3）QY8.4-40-2.2：QY 表示充油式潜水泵，8.4 表示流量为 $8.4m^3/h$，40 表示扬程为 40m，2.2 表示电动机功率为 2.2kW。

3. 常用供水泵的结构

（1）离心泵的主要零件。

1）叶轮。叶轮的作用是将动力机的机械能传递给液体，使液体的能量增加。叶轮一般由叶片、轮毂、前盖板和后盖板组成（图 2.6.7）。

根据水流进入叶轮的方式，可将叶轮分为单吸式叶轮和双吸式叶轮。单吸式叶轮单边进水，其叶轮形式又可分为封闭式、半开式和开敞式三种（图 2.6.8）。具有前后两个盖板的叶轮称为封闭式叶轮，叶轮上有 6~8 个叶片，这种叶轮效率高，应用最广。只有后盖板

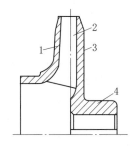

图 2.6.7　叶轮

1—前盖板；2—叶片；3—后盖板；4—轮毂

（a）　　　　（b）　　　　（c）

图 2.6.8　离心泵叶轮

（a）封闭式；（b）半开式；（c）开敞式

而无前盖板的叶轮称为半开式叶轮。既无前盖板也无后盖板的叶轮称为开敞式叶轮，其叶片数较少，一般仅有2~5个叶片，槽道较宽，多用于抽取污水或浆粒状液体。双吸式叶轮两边进水，其形状好似两个无后盖板的单吸式叶轮背靠背组合在一起而成的。叶轮应具有高强度、抗腐蚀、抗冲刷的能力，因此制造叶轮的材料一般为铸铁、铸钢、青铜或黄铜。目前在低扬程水泵中也有用高强度塑料制造的叶轮。

2）泵壳。离心泵的泵壳是包容和输送液体的蜗形壳。由泵盖和蜗形体组成。泵盖为泵的吸入室，其作用是将吸水管中的水以最小的损失均匀地引向叶轮。蜗形体由蜗室和扩散锥管组成。蜗室的主要作用是汇集叶轮甩出的水流，并借助其过水断面不断增大来保持蜗室中水流速度为一常数，以减少水头损失。水由蜗室排出后经过扩散锥管进入压力管。扩散锥管的作用是降低水流的速度，把水流的部分动能转化为压能。

泵壳的进出水接管上各有一螺孔，用以安装测量水泵进出口压力的真空表和压力表。泵壳顶部设有灌水（或抽气）孔，以便在水泵启动前向泵中充水、排气。泵壳底部设有放水孔，用以停泵后或检修时放空泵中积水。

3）减漏环。离心泵叶轮进口外缘与泵盖内缘之间有一定的间隙。此间隙过大，从叶轮流出的高压水就会通过此间隙漏回到进水侧，以致泵的出水量减少，降低了泵的效率。但间隙过小时，叶轮转动时就会和泵盖发生摩擦，引起机械磨损。所以，为了尽可能减少漏损和磨损，同时使磨损后便于修复或更换，一般在泵盖上或泵盖和叶轮上分别镶装一个精制铸铁圆环，用以减少漏损和承受磨损，故称为减漏环，又称为承磨环或口环。

4）泵轴。泵轴用于支承并传递扭矩给叶轮以使之旋转。泵轴常用优质碳素钢或不锈钢制造。叶轮用平键与泵轴连接，采用轴套和反向螺母定位，轴套还可以起保护泵轴的作用。采用反向螺母的目的在于泵轴转动时不会自行松动，而是越转越紧。泵轴的另一端装联轴器。

5）轴承。轴承用以支承转动部分的重量并承受泵运行时的径向力和轴向力。水泵中常用的轴承为滚动轴承和滑动轴承。滚动轴承常用于中小型水泵，依其形状又可分为滚珠轴承和滚柱轴承，一般荷载小的采用滚珠轴承，荷载大的采用滚柱轴承。单级单吸离心泵通常采用单列向心球轴承。滑动轴承常用于大中型水泵（一般泵轴直径大于75mm），有的用青铜和具有巴士合金衬里的铸铁等金属材料制造，也有的用橡胶、合成树脂、石墨等非金属材料制造。前者用油润滑，后者用水润滑和冷却。按荷载特性轴承又可分为径向轴承（只承受径向荷载）和止推轴承（只承受轴向荷载）以及同时承受径向荷载和轴向荷载的径向止推轴承。

6）轴封装置。在泵轴穿出泵壳处，轴与泵壳之间存在着间隙，当间隙处泵内液体压力大于大气压力时（如单吸式离心泵，此处正对叶片背面），泵内的高压水将通过此间隙向外泄漏；当间隙处泵内液体压力为真空时（如双吸式离心泵，此处正对叶轮进口），空气就会从此处透入泵内，从而降低泵的吸水性能。为此需在泵轴与泵壳间隙处设置密封装置，称为轴封。单级单吸离心泵的轴封装置只有一个，单级双吸离心泵和多级离心泵的轴封装置均有两个。

轴封装置有多种形式，目前，应用较多的轴封装置是填料密封。填料密封装置称填料函（或填料盒），它由填料、填料压盖、水封环、水封管和底衬环组成，如图2.6.9所示。

填料又名盘根，被缠绕在填料环两侧的轴上，再用填料压盖压紧，其作用是填充泵轴穿出泵壳处的间隙，进行密封。常用的填料用石棉绳编制并用黄油浸透，再压成截面为矩形的条状，外表涂以石墨粉，具有耐磨、耐高温和略有弹性等特点。近年来，又出现了各种耐高温、耐磨损及耐强腐蚀的填料，如用碳素纤维、不锈钢纤维及合成树脂纤维等编织的填料。水封环套装于泵轴上，位于填料中部。环上开有若干小孔，泵内的高压水通过水封管进入这些小孔并渗入填料，起着水密封、冷却和润滑的作用。对叶轮上无平衡孔的单吸式离心泵不必设水封环及水封管，因叶轮背面的高压水可自行压入填料中。填料压盖用来压紧填料，填料的压紧程度用压盖上的螺丝来调节：填料压得过紧，虽然可减少水、气的泄漏，但却

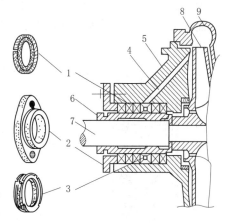

图 2.6.9　离心泵的填料密封

1—填料；2—填料压盖；3—水封环；
4—水封管；5—泵盖；6—轴套；
7—泵轴；8—叶轮；9—泵壳

使填料与轴套的摩擦力增大，机械损失也增大，缩短填料和轴套的使用寿命，使填料和轴套发热甚至烧毁；相反，填料压得过松，则会增加漏水量或进气量，达不到密封的效果，降低泵的效率，影响泵的吸水性能。一般比较适宜的压紧程度是每分钟水从填料中渗出40～60滴为宜。目前，有些离心泵也采用了橡胶圈密封、机械密封等新型轴封装置。

7）轴向力平衡装置。单级单吸离心泵的叶轮进水侧水流压力很小（一般小于大气压），叶轮背水面水流压力很大（约等于水泵的扬程），因此会产生一个指向进水侧的轴向力。这个轴向力必将使轴和叶轮向进水侧移动，引起叶轮与泵壳发生摩擦，从而使泵不能正常工作。这种轴向力对多级式离心泵来说，因叶轮级数较多，故轴向力的数值较大，必须采用专门的轴向力平衡装置来解决。对于单级单吸式离心泵，一般采用在叶轮后盖板靠近轮毂处开平衡孔，并在后盖板上加装减漏环，叶轮后面的高压水经过这些平衡孔流向进水侧，以减少或平衡轴向力。此方法的优点是结构简单，缺点是水泵的效率有所降低。此外，还可在叶轮后盖板处加装平衡筋板的方法，使叶轮两侧的压力趋于平衡。

（2）QJ 型潜水电泵的构造。QJ 型潜水电泵由水泵、电动机、进水和密封装置等组成，如图 2.6.10 所示。水泵部分位于潜水电泵上端，主要由叶轮、导流壳、泵轴、橡胶轴承等零部件组成，采用水润滑轴承，与电机轴用联轴器刚性连接。叶轮为离心式或混流式，上端设逆止阀。

电机部分位于潜水电泵下端，为密封式充水湿式结构。主要由转子、定子、导轴承、推力轴承以及调压膜等零部件组成。定子绕组采用聚乙烯绝缘尼龙护套耐水电磁线。电机导轴承及推力轴承为水润滑轴承。电机内部充满清水，用以冷却电动机和润滑轴承。在电机底部装有橡胶调压膜，用以调整电机温升引起的机体内部清水的胀缩压差。在电机的上端装有防砂机构，防止泥沙进入电机内部。

进水和密封装置部分位于潜水电泵的中部。密封装置在电机的上端，由整体式密封盒和大小橡胶封环组成，分别装在电动机轴伸出端及电动机与各部件的结合处。其作用是防

止水中的泥沙进入电机内部。整体式密封盒内有两对动、静磨块和四个封环。磨块之间的密封面要求有很高的光洁度和平整度，装配后能耐压 $2kg/cm^2$，以防止水从轴的伸出端漏进电机。

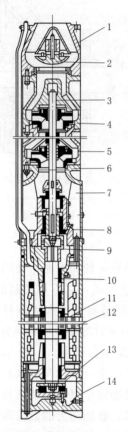

图 2.6.10　QJ 型潜水电泵结构示意图

1—阀体；2—阀盖；3—轴套；

4—上壳；5—叶轮；6—泵轴；

7—进水壳；8—电缆；9—联轴节；

10—电机轴；11—转子；12—定子；

13—止推盘；14—底座

2.6.1.4　水泵的工作参数

叶片泵的性能参数包括流量、扬程、功率、效率、转速和允许吸上真空高度（或允许气蚀余量）共六个基本参数。

1. 流量

水泵的流量 Q 是指水泵在单位时间内能够输送的水量，常用的单位是 m^3/s、L/s、m^3/h。每一种型号的水泵，其流量都有一定的范围，超过这个范围，水泵的效率就会大大降低。所谓水泵"设计流量"，是水泵在这一流量下运行时效率最高。

2. 扬程

扬程 H 是指被输送的单位重量液体从泵进口到出口所增加的能量，即单位重量液体通过水泵时所获得的有效能量，单位是 m。

3. 功率

功率是指水泵在单位时间内所做的功，单位是 kW。

（1）有效功率。有效功率 Ne 是指水流通过水泵时实际所获得的功率，也可称为水泵的输出功率。

（2）轴功率。轴功率 N 是指由动力机传给水泵转轴的功率，也可称为水泵的输入功率。

轴功率不可能全部对水流做功，一部分功率在泵内被损耗，轴功率减去损耗功率为有效功率。

4. 效率

效率 η 是指水泵的有效功率与轴功率的比值。它标志着水泵工作效能的高低，是水泵的一项重要技术经济指标，通常用百分数表示。

5. 转速

转速 n 是指泵轴在每分钟转动的圈数，单位是 r/min。

6. 允许吸上真空高度和允许气蚀余量

允许吸上真空高度 $[H_s]$ 和允许气蚀余量（NPSH）都是表征水泵吸水性能（或抗气蚀性能）的参数，在设计泵站时，需要根据此参数确定水泵安装高程。

2.6.1.5　水泵的基本性能曲线

水泵的各个性能参数相互联系和相互影响，只要其中一个参数发生了变化，其他参数就会或多或少地跟着变化，并且按照一定的规律变化。深入了解水泵的性能，掌握其变化规律及特点，调节水泵的运行工况，以及科学的运行管理等非常重要。

水泵的基本性能曲线是水泵在设计转速下，扬程 H、功率 N、效率 η 和允许吸上真空高度 $[H_s]$ 或允许气蚀余量 $(NPSH)_r$ 随流量 Q 而变化的关系曲线。基本性能曲线是通过试验方法测绘出来的，也可将其称为试验性能曲线。图 2.6.11 为离心泵的基本性能曲线，每幅曲线图上包括有 Q-H、Q-N、Q-η 和 Q-$[H_s]$ 或 Q-$(NPSH)_r$ 四条曲线。一般在 Q-H 曲线上用波纹线标出该水泵应使用的流量和扬程范围，该范围称为水泵运行的高效区，即在该范围内水泵的效率较高。

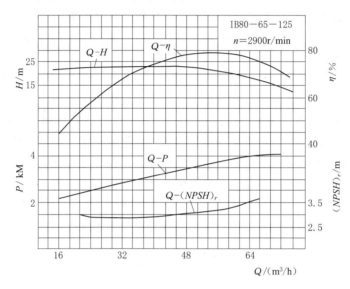

图 2.6.11　IB80-65-125 离心泵性能曲线

1. 离心泵的流量和扬程曲线

从图中可以看出的 Q-H 曲线是下降曲线，即扬程随着流量的增加而逐渐减小。

2. 流量和功率曲线

Q-P 曲线是一条上升曲线，即功率随流量的增加而增加。当流量为零时，其轴功率最小，为额定功率的 30% 左右。

从功率曲线的特点可知，离心泵应关阀启动，以减小动力机启动负载。

3. 流量和效率曲线

Q-η 曲线的变化趋势是从最高效率点向两侧下降。离心泵的效率曲线变化比较平缓，高效区范围较宽，使用范围较大。

4. 允许吸上真空高度或必需气蚀余量曲线

离心泵的 Q-$(NPSH)_r$ 是一条上升的曲线，即必需气蚀余量 $(NPSH)_r$ 随流量的增加而增加。这条曲线是表征水泵气蚀性能的曲线，对于离心泵，当水泵的流量大于设计流量时，都要注意发生气蚀或吸不上水的情况。

2.6.1.6　水泵安装

1. 离心泵安装的注意事项

（1）安装前应仔细检查泵体流道内有无杂物，以免运行时损坏泵体和叶轮。

（2）安装时管路的重量不允许加在水泵上，以免泵产生变形，影响正常运行。

（3）拧紧地脚螺栓，以免启动时振动影响水泵性能。

（4）在泵进、出口管路上安装调节阀，在泵出口附近的管路上安装压力表，以控制泵在额定工况内运行，确保泵的正常使用。

（5）泵的安装方式分为硬性连接和柔性连接安装。

2. 井泵安装的注意事项

（1）泵的清洗和检查。

1）水泵的清洗和检查的要求包括：第一，零部件的所有配合面（螺纹、止口、端面等）均应清洗洁净；第二，出厂已装配好的部件不应拆卸，工作部件的转动部分应转动灵活、无卡阻现象。

2）水泵就位前的检查包括：第一，井管内径和井管直线度应符合设备技术文件的规定；泵成套机组入井部分在井内应能自由上下；潜水泵不得损伤潜水电缆。第二，井管管口伸出基础的相应平面高度不应小于 25mm。第三，井管与基础间应放软质隔离层。第四，基础中部预留空间的尺寸应符合扬水管与泵座连接的要求。第五，井管内应无油泥和污杂物。第六，扬水管应平直，螺纹及法兰端面应无碰伤，并应清洗干净。第七，井用潜水泵还应按下列要求进行检查：①法兰上保护电缆的凹槽，不得有毛刺或尖角；②电缆接头应浸入常温的水中 6h，用 500V 摇表测量，绝缘电阻不应小于 100MΩ；③湿式潜水电机定子绕组在浸入室温的水中或油中 48h 后，其对机壳的绝缘电阻不应小于 40MΩ。

（2）泵的组装要求。

1）组装泵、扬水管、传动轴时，应在连接件紧固后逐步放入井中，潜水泵的电缆应牢固地捆绑在扬水管上。

2）螺纹连接的扬水管相互连接时，螺纹部分应加润滑油，不应填入麻丝、铅油；管子端面应与轴承支架贴合或两管直接贴合，两管旋入联管器的深度应相等；法兰连接的扬水管，螺栓的拧紧力矩应均匀。

3）在轴与扬水管的同轴度调整后，应装入轴承体；在每连接 3～5 节扬水管后，应检查转动部分，其转动应灵活。

4）潜水泵组装还应符合下列要求：第一，泵与电机组装后，应按设备技术文件的规定向电动机内灌满清水或绝缘油，但干式电机除外；第二，机组潜入水中的深度不宜大于 70m。

（3）试运转前的要求。潜水泵试运转前应符合下列要求：

1）电机转向应正确。

2）电缆的电压降，应保持潜水电机引出电缆接头处的电压，应不低于潜水电机的规定值。

3）启动前，井下部分的扬水管内不应充水。

（4）试运转要求。井泵当扬水管中的水尚未全部流回井内时，泵不得重新启动；停泵至重新启动的时间间隔应符合设备技术文件的规定。

1）压力、流量应正常，电流不应大于额定值。

2）安全保护装置及仪表均应安全、正确、可靠。

3）扬水管应无异常的振动。

3．潜水泵机组安装

（1）下井前的准备。

1）安装好三脚架、葫芦或卷扬机等起重装置，吊重应不小于 2t。

2）准备好扳手、手锤、螺丝刀、电工工具及使用仪表。

3）检查潜水电泵装配是否良好，随机附件是否齐全。卸下进水节处的过滤网，用大螺丝刀从进水节上端的叶轮口球处插入叶板内，用力拨转，水泵叶轮转动即可。如用力拨叶轮仍不能转动，可卸下底座，用木块垫到电机轴端部，用手锤敲打后，水泵轴即可转动。

4）拧下电机上端两个灌水孔螺栓，同时，紧固电机下端的放水螺栓，将电机内腔灌满洁净的清水，并同时拧上灌水孔螺塞。

5）用万用表摇测电机绕组对地（即机壳）的绝缘电阻应不低于 150MΩ。

6）包扎电缆接头，具体操作参看供货厂家提供的"电缆接头工艺图"。

7）电缆接头接好后，将引出电缆（包括电缆接头）全部浸入水中，用万用表再次测量电机绕组和引出电缆对地绝缘电阻，不低于 150MΩ 时方可下井。

（2）安装过程中的注意事项。

1）泵在下井过程中，若发现有卡死现象，要及时旋转和扳动扬水管，以克服死点，避免卡死或损坏潜水泵电缆。

2）安装管路要垫正胶垫，并均匀拧紧连接螺栓。

3）泵在下井过程中，电缆应紧靠每节扬水管，用塑料带或者尼龙绳等耐水绳索系牢，严防拉断或挤破电缆线。

4）安装和提吊潜水泵时，绝不允许用电缆线作为绳子起吊。

5）根据井的流沙淤积情况，确定潜水泵距井底的最小距离。切忌将潜水泵埋入泥沙中，一般要求潜水泵距井底不小于 3m，动水位距进水节不少于 1m，且泵的下井深度应符合所选泵型扬程的要求。

6）安装具体要求参看厂家提供的"潜水泵安装使用示意图"。

2.6.2 调节构筑物的类型

一般情况下，水厂的取水构筑物和净水规模是按最高日平均时设计的，而配水设施则需满足供水区逐时用水量变化，为此需设置水量调节构筑物，以平衡两者的负荷变化。农村供水常用的调节构筑物有清水池、高位水池、水塔。

调节构筑物的位置可以设在水厂内，如清水池、网前水塔；也可设在厂外，如高位水池、网中水塔、网端水塔。调节构筑物的种类、布置方式和适用条件见表 2.6.1。

表 2.6.1　　　　　　　　　　　调节构筑物的种类、布置方式和适用条件

调节构筑物名称	布置方式	适 用 条 件
清水池	厂内低位	1．利用地表水源的净水厂，需要处理的地下水厂。 2．通过技术经济比较，无需在管网内设置调节构筑物。 3．需要连续供水，并可用水泵调节负荷的水厂。 4．净水厂内滤池需反冲洗水源

续表

调节构筑物名称	布置方式	适 用 条 件
高位水池	厂外高位	1. 有可利用的适宜的地形条件。 2. 调节容量大，可就地取材。 3. 供水区要求的压力变化不大
水塔	厂内外高位	1. 无可利用的地形条件。 2. 用水量变化大，有时不需供水或低峰时无法用水泵调节。 3. 调节容积较小。 4. 厂内水塔可兼用滤池反冲洗水箱

调节构筑物的选用，对配水管的造价和经常运转费用都有较大的影响。

2.6.2.1 水塔

1. 水塔的构造

水塔由水柜（水箱）、塔身（塔架）、基础和水塔附件组成。

水柜用以存水，其形式包括平地圆筒式、英氏式，倒锥式等，水柜可用钢筋混凝土或钢丝网水泥制作。由于钢筋混凝土水柜经长期使用后，会出现细微裂缝，浸水后再加冰冻，裂缝会扩大，可能会引起漏水。故施工中要保证质量，寒冷地区水柜应做保温层。

塔身有砖砌支筒、钢筋混凝土支筒和钢筋混凝土支架等形式。

水塔基础有整体基础、条形基础、单独基础，视地质情况而定，基础用混凝土浇筑成块石砌筑。

水塔常设附件有进水管、出水管、溢流管、排水管、水位计和避雷设施等。不同结构形式、不同容积的水塔已有标准图集，使用者可直接查用。

进、出水管与管网相连，两管可合并，也可分别设置。在管道与水柜连接处应装伸缩接头，以防止因温度变化或水塔沉陷损坏管道。进水管伸到水柜的高水位附近，出水管应靠近柜底，以保证水流循环。

为防止水柜溢水和放空柜内存水，需设置溢流管和排水管。溢流管上不设置阀门，上端设置喇叭口，并伸至水柜设计最高水位。排水管从柜底接出，管上设置阀门，并接到溢流管上与其合并，在管道与水柜连接处装伸缩接头。

为反映水塔水柜内水位变化，可设浮标尺或液位变送器。水塔顶部需装设避雷装置，并做好接地保护。

2. 水塔的工作过程

水塔的工作状态与供水量、用水量密切相关。供水量和用水量的关系，决定了水塔的工作状态。

（1）用水量等于供水量时，水塔的储水量不变，水塔处于平衡状态。

（2）用水量大于供水量时，水塔储水量减少，水塔储存的水向管网供水，水塔处于出水状态。

（3）用水量小于供水量时，水塔处于进水状态。

（4）停止供水时，则向管网的供水全部由水塔的储水供给。

2.6.2.2 高位水池和清水池

1. 高位水池和清水池的作用与工作过程

清水池设在水处理构筑物与二级泵站之间，用以调节一级泵站和二级泵站之间的流量的不平衡，当一级泵站流量大于二级泵站流量时，多余的水量储存在清水池中；当二级泵站流量大于一级泵站流量时，不足的水量从清水池中取用。

高位水池设于二级泵站之后的管网前、后或管网中，用以调节二级泵站与管网间流量的不平衡。因此，二级泵站的流量可在一段时间内相对稳定。当二级泵站的供水量大于管网用水量时，多余的水进入高位水池储存；当管网用水量大于二级泵站供水量时，高位水池向管网供水。

2. 水池的分类及结构形式

高位水池和清水池的容量、标高和水深由工艺确定，而池型及尺寸则主要由结构的经济性和场地、施工条件等因素来确定。

水池常用的平面形状为圆形或矩形，其池体结构一般是由池壁、顶盖和底板三部分组成的。按照工艺上是否封闭，又可分为有顶盖（封闭水池）和无顶盖（开敞水池）两类。农村供水工程中的水池多数是有顶盖的。按照建造在地面上、下位置的不同，水池又可分为地下式、半地下式及地上式。为了尽量缩小水池的温度变化幅度，降低温度变形的影响。水池应优先采用地下式或者半地下式。对于有顶盖的水池，顶盖以上应覆土保温。另外，水池的底面标高应尽可能高于地下水位，以避免地下水对水池的浮托作用。当必须建造在地下水位以下时，池顶覆土又是一种最简便有效的抗浮措施。地震区的水池最好采用地下式或者半地下式。

另外，Ⅰ～Ⅳ型供水工程的清水池、高位水池的个数或分格数应不少于 2 个，并能单独工作和分别泄空。清水池、高位水池应有保证水的流动、避免死角的措施，大于 $50m^3$ 时应设导流墙。

3. 高位水池的设计

（1）修建高位水池时要尽可能就地取材，如块石砌筑。

（2）从水厂送出的水如已消毒，高位水池的进、出水管可以合并一条，否则仍应单独设置进、出水管，并在高位水池中加氯消毒。

（3）由于高位水池容量较大，要保证池内水流流畅，防止池内水流形成回流区、死水区，造成水流的再次污染。

（4）在同一供水区域内，若有两个以上分别设在两处的高位水池，池底标高应经过水力计算确定，并应设置安全可靠的控制水位设备。

（5）高位水池的池顶应安装避雷装置，通气孔与检修孔均应有严格的安全措施，池内水位要传示到配水泵房。

（6）高位水池的最低运行水位，应满足最不利用户接管点和消火栓设置处的最小服务水头的要求。

4. 清水池的设计

清水池主要由净水管、出水管、溢流管、通气孔及人孔、导流墙等组成。清水池的布置应保证池水能经常流通，避免死水区。

（1）进水管。管径一般按净水构筑物的产水量计算，进水口位置应在池内平均水位以下。

（2）出水管。管径一般按最高日最高时用水量计算。如果出水管即为水泵吸水管，直接从清水池内的集水坑吸水，要求喇叭口距池底不少于 0.5m。其管径按水泵要求确定。如果出水管直接连接管网，则管径按管网要求确定。

（3）溢流管。又称溢水管，管径一般与进水管相同，管端为喇叭口，与池内最高水位齐平，管上不得安装闸阀，为防止爬虫等沿溢流管进入池内，管口应装网罩。

（4）排水管。即放空管，管径不得少于 100mm，管底应与集水坑齐平。

（5）通气孔及人孔。为保持池内自然通风，在池顶设通气孔，直径一般为 200mm，出口高于覆土 0.9m 即可。池顶应设人孔，直径一般为 700mm，要求盖板严密，高出地面，防止雨水、虫类爬入。

（6）导流墙。为避免池内水的短流和满足加氯后的接触时间的需要，池内应设导流墙。

（7）池顶覆土。当地下水位较高，池子埋深较大时，覆土厚度应按抗浮要求决定。

（8）水位指示。水池内的水位变化，应有就地指示装置，一般可用浮筒水尺或浮标水尺。

第3章 农村供水工程运行管理

3.1 水源与取水工程运行管理

3.1.1 水源管理

水源管理的重点是水源的水量、水质和设施的管理。这是保证村镇居民用水的关键。

3.1.1.1 水源的水量管理

（1）地表水。

1）河水。应记录取水口附近的水文资料，包括河流流量、水位、取水量、色度、浊度、水温、水源附近发生的异常情况和施工作业等。了解和掌握水源附近的气象资料，包括降水量、气温及河道洪水等情况。观测河水含沙量变化，应特别注意记录洪水季节河水泥沙的最大含量及其持续时间。

2）水库水。应掌握水库库容特征，记录历年水库的入、出库水量，水位、水量的变化情况，以及水库水的颜色与生物的变化。掌握库区范围内的气象变化，中长期天气预报和上游的洪水情况。

（2）地下水。应掌握区域内的水文地质条件、地下水资源量、地下水开发利用状况及地下水位、水量、水质的变化情况。同时应掌握地下水与附近河流有关的河水水文资料，包括河水流量与水位的变化、地下水的补给情况。

3.1.1.2 水源的水质管理

（1）地表水。平时应定点、定期对水源附近，特别是上游的地表水进行分析，进行水质污染调查。若发现水质污染，应立即弄清楚污染源、污染途径、有害物质成分等。根据上述情况采取有效措施，并报上级相关部门处理，以保证安全供水。

（2）地下水。地下水的水质管理，原则上和地表水源相同。

（3）水质污染。生活污水对水源的污染比较常见，尤其是在干旱季节，河流污染更严重，生活污水中含有大量的氯化物、有机物和病毒微生物。随着村镇企业的发展，对水源的污染应引起足够重视。如化肥厂废水中含有酚、氰、硫等有害物质，农药厂的废水中的氰、酚、氟等有毒物。村镇供水工程多靠近农田，农田施加农药后，含有农药的水流入水体或渗入地下，极易造成水源污染，因此在供水水源附近严禁使用剧毒农药。流经矿区的水大都含有矿物质，如流经铅锌矿的水中含有铅、锌、镉等金属元素，流经萤石矿的水中含有氟元素，这些物质都会对水源造成污染。

3.1.1.3 水源设施的运行管理

（1）取水口。取水口竣工后，应检查施工围堰是否拆除干净，因残留的围堰体会形成水下丁坝，造成河流主流改向，影响取水，或导致取水构筑物淤塞报废。取水头部的格栅应经常检查及时清污，以防格栅堵塞导致进水不畅。对山区河流，为防止洪水期泥沙淤积影响取水，取水头部应设置可靠的除沙设备。水库取水常因生物繁殖影响取水，应采取措施及时清除水生物，以保证取水。

（2）进水管。进水管分有压管、进水暗渠和虹吸管三种。管内若能经常保持一定的流速，一般不会淤积。若达不到设计流量，管内流速较小，可能发生淤积。有压管长期停用，也会发生淤积。水中的漂浮物也可能堵塞取水头部。这时可以采取下列冲洗措施。

1）正冲洗法：操作方法是关闭一部分进水管，加大一条进水管的过水能力，造成管内流速增高，实现冲淤。另一种方法是在水源高水位时，先关闭进水管的阀门，将该集水井抽到最低水位，然后迅速打开进水管阀门，利用水源与集水井较大的水位差实现对水管的冲洗。此法简单，但因管壁附着的泥沙不易冲洗掉，冲淤效果较差。

2）反冲洗法：操作方法是将出水管与进水管连接，利用水泵的压力水进行反冲洗，此法效果好，但管路复杂。

（3）集水井。集水井要定期清洗和检修，洪水期间还应定期观测河中最高水位，采取相应的防洪措施，以防泵站进水，影响生产。

（4）阀门。阀门每 3 个月维修保养一次，6 个月检修一次。阀门螺纹外露部分，螺杆和螺母的结合部分，应润滑良好，保持清洁。机械转动的阀门，传动部分应涂抹润滑油脂，以利开关灵活。阀门停止运行时，要将阀门内的水放光，以防结冰冻坏。

3.1.2　水质监测

供水工程必须向用户提供符合饮水卫生标准的安全卫生水，以满足饮用水对水源水质的要求。因此农村供水工程在选择水源时，应以水质良好为主要依据。

生活饮用水水源水质有感官性状指标、化学指标、毒理学指标及细菌指标，均应符合国家有关标准。

通过对生活饮用水水质的监测可以达到如下目的：提供代表水质质量现状的数据，以便合理选择水源；判断水污染对人体健康可能造成的影响，并采取相应措施，以达到饮水安全。

为使农村供水工程运行中供水符合卫生标准，需要对供水进行经常性水质监测，以便掌握水质变化，采取相应的处理措施。水质监测内容包括：

（1）供水工程基本情况。水质类型、供水方式、供水范围、供水人口、饮用水污染事件等基本信息。

（2）水样的采集、保存和运输。集中式供水监测点一年分枯水期和丰水期检测 2 次，每次采集出厂水、末梢水水样各 1 份，当发生影响水质的突发事件时，对受影响的供水单位增加检测频率；分散式供水监测点在丰水期采集农户家中储水器水样 1 份。水样保存、运输、检测分析按照国家有关标准执行，在正规实验室进行检验，特别是集中式供水的水质检验应在实验室采用国家标准方法检验。

水质分析结果按照《生活饮用水卫生标准》（GB 5749—2006）进行评价，各地可结合当地的实际情况适当增加检测指标。

3.1.3　取水构筑物运行管理

取水构筑物位于供水工程的前端，是给水工程重要的组成部分。取水构筑物能否安全可靠的工作，对整个供水工程系统的运行有着重要的意义。因此，建立良好的管理体制，实施有效的管理方法，是取水构筑物安全可靠供水的保障。

3.1.3.1 地表水取水构筑物管理

1. 构筑物试运行

地表水取水构筑物在正式投产之前，应由设计、施工和使用单位联合进行构筑物的试运行。只有确认所有设备均可进入正常运行状态，各项技术指标和要求已达到规定标准，才能正式投产运行。试运行过程中的原始数据应做好记录并加以整理，该原始数据应妥善保存，以便今后在管理过程中进行数据分析对比之用。试运行完成后，应给出试运行报告。

2. 取水构筑物管理

（1）取水头部的管理和维护。取水头部最经常的管理维护内容主要是防漂浮物、防淤积等。

1）经常清除取水口外格栅处的藻类、杂草和其他漂浮物，每班至少巡视清除一次。对格栅、阀门及附属设备应每季度检查一次；长期开启和长期关闭的阀门每季度都应开关活动一次并进行保养，金属部件补刷油漆。

2）藻类、杂草、漂浮物较多时应增加清除次数，格栅前后的水位差不得超过 0.3m，以保证取水量和格栅安全。

3）清除格栅前杂物时应有周密的安全措施，操作人员不得少于 2 人。

4）应经常检查取水口设施所有传动部件、阀门运行情况，按规定加注润滑油、调整阀门填料并擦拭干净。

（2）引水管的管理与维护。引水管主要有自流引水管和虹吸引水管两种形式。其主要任务是清淤。

1）自流引水管。自流引水管可用正冲和反冲的方法清淤。正冲是在河水处于高水位时，停止进水，同时降低吸水井水位。利用水位差形成高速水流达到冲洗目的。反冲是利用水泵出水或抬高集水井水位，造成引水管内较大流速对其进行冲洗。

2）虹吸引水管。虹吸管必须保证严密不漏气，否则将发生断水事故。因此，日常管理和维护应特别注意检漏，及早发现，及时维修。

（3）闸门。闸门用于水流的控制，在取水调度中起重要作用。日常的管理和维护是保证闸门启闭灵活的必要措施。

（4）格栅、格网。格栅、格网日常管理维护的重点是查看是否出现堵塞、水流不畅的现象，一经发现，及时清除。格栅、格网出现堵塞将引起前后水位差，可通过观察或检测水位了解情况，以便采取相应措施。在管理维护过程中，还应注意有无破损，一旦发现，应及时修补。

（5）取水泵站。取水泵房机组在运行过程中，值班人员应加强监视，并注意以下事项：

1）注意机组有无不正常的响声和振动。不正常的响声和振动往往是故障发生的前兆，遇此情况，应立即停机检查排除隐患。

2）注意轴承温度和油量的检查。水泵运行中应经常测量或查看轴承温度，并检查润滑油是否足够。一般滑动轴承的最大容许温度为 70℃，滚动轴承的最大允许温度为 95℃。轴承内的润滑油脂要注意定期更换。轴承内的润滑油量应适中。根据经验，一般加至轴承箱的 1/2～2/3 为宜或加到油标尺所规定的位置。

3）检查动力机的温度。定时测量动力机有关部位的温度，温度值显示不正常，应立即停机检查。

4）注意各类仪表指示的变化。超出正常值或表针剧烈跳动和变化，都应立即查明原因。电动机电流超出额定值，属于电机过载，一般不允许长期超载运行。

5）填料函外的压盖要松紧适度，所用的填料要符合要求。

6）注意防止水泵过流断面发生气蚀。含泥沙的水流对水泵产生摩擦并加剧气蚀；低负荷或超负荷运行都会引起气蚀破坏。水位低于最低设计水位、流态不平稳都是产生气蚀的原因。

7）进水的防污和清淤。及时清除水泵进水拦污栅前的杂草等漂浮物，防止吸入水泵，使水泵效率下降，甚至击碎叶片。

8）值班人员在机组运行中要做好记录。应定时抄记表计的读数，发现异常时应增加观测和记录的次数，以便分析和处理故障。

取水泵站日常性检查和保养工作内容如下：第一是检查并处理易于松动的螺栓或螺母；第二是检查保养油、气、水管路接头和阀门渗漏处理；第三是对电动机碳刷、滑环、绝缘等的处理；第四是保持电动机干燥，测量电动机绝缘电阻；第五是检修闸门有无卡阻物、锈蚀及磨损情况；第六是对闸门启闭设备的维护；第七是对机组及设备本身和周围环境保洁。

3.1.3.2　地下水取水构筑物管理

1. 管井的使用与维护

管井的使用与维护直接关系到井的使用寿命。如使用维护不当，将使管井出水量减少、水质变坏，甚至使井报废。

（1）应对井房、井台定期维护，使其保持完好。

（2）管井竣工投产运行之前或每次检修后，应进行消毒。取 1kg 的漂白粉用 24kg 水配成漂白粉溶液，先将一半倒入井中，少顷，开动水泵，使出水带有氯味；停泵后将另一半漂白粉溶液倒入井中，用此含氯水浸泡井壁和泵管 24h，再开动水泵抽水，直到出水中的氯味全部消失后即可正常使用。

（3）管井在使用期中应根据抽水试验资料，妥善选择管井的抽水设备。所选用水泵的最大出水量不能超过井的最大允许出水量；过滤器表面进水流速小于允许进水流速。

（4）管井在生产期中，必须保证出水清、不含砂；对于出水含砂的井，应适当降低出水量。

（5）建立管井使用卡，逐日按时记录井的出水量、水位、出水压力等信息。如发现出水量突然减少，涌砂量增加或水质恶化等现象，应即停止生产，进行详细检查修理后，再继续使用。

（6）机泵应定期检修，要及时清理沉淀物，必要时进行洗井。

（7）一般每年测量一次井的深度，与检修水泵同时进行，如发现井底淤砂，应进行清理。

（8）季节性供水井，很容易造成过滤器堵塞而使出水量减少。因此在停用期间，应定期抽水，以避免过滤器堵塞，防止电机受潮和井管腐蚀与沉积。

（9）长期停用的管井，存在堵塞、腐蚀的可能，并容易滋生细菌类。管井停用期间，应每隔 15～20d 进行一次维护性抽水，每次 4～8h，以经常保持井内清洁。井群供水，只开少量井运行时，宜采用轮回启动各井的运行方式。

（10）管井周围卫生防护，保持良好的卫生环境和进行绿化。

管井出水量减少原因及处理措施见表 3.1.1。

表 3.1.1　　　　　　　　　　管井出水量减少原因及处理措施

管井出水量减少原因	处　理　措　施
过滤器进水口尺寸不当、缠丝或滤网腐蚀破裂、接头不严或管壁断裂等造成砂粒流入而堵塞	更换过滤器、修补或封闭漏砂部位
过滤器表面及周围填砾、含水层被细小泥沙堵塞	用钢丝刷、活塞法、真空法洗井
过滤器表面及周围填砾、含水层被腐蚀胶结物和地下水中析出的盐类沉淀物堵塞	18%～35%工业盐酸清洗
细菌等微生物繁殖造成堵塞	氯化法或酸洗法
区域性地下水位下降	回灌补充、降低抽水设备安装高度

2．大口井的使用与维护

（1）应严格控制取水量，不得超过设计抽水量取水，尤其在地下水补给来源少的枯水期更应注意，超量开采会破坏过滤设施，导致井内大量涌砂，或使地下水含水层水位下降，含水层被疏干，致使大口井报废。

（2）井壁进水孔和井底很可能堵塞，应每月观测一次井内水位，发现堵塞情况，及时进行清淤。

（3）当井水位受区域地下水位持续降落，或长期干旱少雨影响而下降幅度较大，影响水厂正常取水时，可采取扩挖井深、井内打水平辐射集水管等方法增加出水量。

（4）在井的影响半径范围内，注意观察环境污染状况，严格执行水源卫生防护制度，还应特别注意防止周围遭受污染的地表水渗入。

（5）及时清理井内水面漂浮的树叶等杂物，保持井内卫生，避免或减少各种生物滋生而影响井水水质。

3．渗渠的使用与维护

（1）运行中注意地下水水位的变化，枯水期时应避免过量开采地下水，以免造成涌砂或水位严重下降。

（2）渗渠长期运行，反滤层可能淤塞，应视淤堵影响出水量情况安排清洗或更新滤料；回填时应严格按照设计的滤层滤料级配，做到回填均匀。

（3）做好渗渠的防洪。禁止在渗渠前后进行有可能危及洪水期渗渠安全的采砂、打坝等活动；洪水过后及时检查并清理淤积物，修补损坏部分。

（4）注意河床及河岸变迁，防止因河道冲刷或淤积影响渗渠进水；有条件的水厂可建备用渗渠或地表水取水口，以保证事故或检修时不中断供水。

（5）增加渗渠出水量的措施：枯水期在渗渠下游，用装填泥土的草袋筑临时坝以抬高水位，雨季到来时洪水将临时坝冲走；在渗渠下游建拦河闸，枯水期下闸蓄水、丰水期开闸放水；在渗渠下游 10～30m 河床下修地下潜水坝。这几种措施都可抬高水位，增加渗渠的出水量。

4. 引泉池的使用与维护

（1）引泉池应高出附近地面并加盖，使用中应经常检查集水井、引泉池周围状况，雨季尤其应避免地表径流进入池内。

（2）每年对引泉池放空清洗一次，用漂白粉液消毒，避免蚊虫滋生，保持引泉池清洁卫生。

（3）定期对引泉池附属的闸阀进行养护，保证启闭灵活；保持溢流管和排空管道的畅通。

3.1.3.3　集雨工程的管理

（1）集流面上不应有粪便、垃圾、柴垛、肥料、农药瓶、油桶和有油渍的污染物，集流坡面上不应施农药和肥料。

（2）雨季，集流面应保持清洁，经常清扫，及时清除汇流槽、汇流管、沉淀池中的淤泥；非雨季，应封闭蓄水构筑物的进水孔和溢流孔，防止杂物和动物进入。

（3）过滤设施的出水水质达不到要求时，应及时清洗或更换过滤设施内的滤料。

（4）蓄水构筑物每年至少应清洗一次。

（5）水柜宜保留深度不小于 200mm 的底水，防止窖壁开裂。

（6）蓄水构筑物 5m 范围内不应种植根系发达的树木。

（7）集流范围内不应从事任何影响集流和污染水质的生产活动，蓄水构筑物周围 30m 范围内应禁止放牧、洗涤等可能污染水源的活动。

3.2　输配水管渠系统运行管理

3.2.1　输配水管渠系统运行

1. 压力式、自流式的输水管道运行

每次通水时均应先检查所有排气阀正常后方可投入运行。

2. 输水管线运行应符合下列规定

（1）应设专人并佩戴证章定期进行全线巡视，严禁在管线上圈、压、埋、占；沿线不应有跑、冒、外溢现象。发现危及输水管道的行为及时制止并上报有关主管部门。

（2）压力式输水管线应在规定的压力范围内运行，沿途管线宜装设压力检测设施进行监测。

（3）原水输送过程中不得受到环境水体污染，发现问题及时查明原因并采取措施。

（4）对低处装有排泥阀的管线，应定期排放积泥。其排放频率应依据当地原水的含泥量而定，宜为每年一至二次。

3.2.2 原水输水管线管理

1. 日常保养项目、内容

日常保养项目、内容，应符合下列规定：

（1）应进行沿线巡视，消除影响输水安全的因素。

（2）应检查、处理管线的各项附属设施有无失灵、漏水现象，井盖有无损坏、丢失等。

2. 定期维护项目、内容

定期维护项目、内容，应符合下列规定：

（1）应每季对管线附属设施，如排气阀、自动阀、排空阀、管桥等巡视检修一次，保持完好。

（2）应每年对管线钢制外露部分进行油漆。

（3）输水明渠应定期检查运行、水生物、积泥和污染情况，并采取相应预防措施。

3. 大修理项目、内容、质量

大修理项目、内容、质量，应符合下列规定：

（1）管道和管桥严重腐蚀、漏水时，必须更换新管，其更新管段的外防腐及内衬均应符合相关标准的规定，较长距离的更新管段还应按规定检验合格。

（2）输水管渠大量漏水，必须排空检修，更换或检修内壁防护层、伸缩缝等。

（3）有条件的村镇，应每隔2～3年做全线的停水检修，测定管内淤泥的沉积情况、沉降缝（伸缩缝）变化情况、水生物（贝类）繁殖情况，并制定出相应的处理方案。

（4）钢管外防腐质量检测应符合下列规定：

1）包布涂层不折皱、不空鼓、不漏包、表面平整、涂膜饱满。

2）焊缝填、嵌结实平整。

3）焊缝通过拍片抽检。

4）厚度达到设计要求。

3.3 净水处理构筑物运行管理

3.3.1 净水处理构筑物运行维护的基本要求

（1）水厂运行人员应经过培训，掌握本水厂净水工艺流程，明白操作程序，掌握相关的技术参数，并能按设计参数或调整后的参数运行。

（2）水厂必须配备保障净水工艺要求所需的仪器。运行人员必须具备对仪器仪表正确观测和使用的技能。

（3）水厂必须配备检测水质的起码手段。运行人员必须掌握这些手段。以地下水为水源的水厂必须配备检测消毒剂指标的手段，以地表水为水源的水厂必须配备检测浊度和消毒剂指标的手段，以保证水厂的正常运行和出厂水质。

（4）按规定每年对水厂运行人员进行一次身体检查，取得健康许可证方可上岗工作，发现运行人员患有传染性疾病，应立即调离运行岗位。

（5）机电设备运行人员，按规定还应取得低压电工操作合格证方能上岗工作。

（6）水厂宜建立净水工艺操作人员轮岗制度，使各岗位操作人员了解上下道工序的运行要求，做好与其他工序的协调，尽量避免净水设施负荷的大起大落，尽量使各工序处理于相对稳定的运行状态。

3.3.2　加药间的运行管理

3.3.2.1　药剂存放管理

药剂仓库的固定储备量应根据交通条件与当地药剂供应、运输等条件确定，一般可按最大投药量储备 15～30d。

药剂一般有固体和液体两类，固体药剂应成袋码放，高度一般为 0.5～2.0m，堆放体之间要有 1.0m 左右的搬运通道。不同药剂应根据其特点和要求分类存放。药剂使用应按先存先用的原则。仓库应保持清洁、通风良好，以防药剂受潮。

液体药剂一般都用塑料桶装，可按桶排列，中间应留手推车搬运的通道。液体散装药剂应在药库内设几道隔墙分开，隔墙高度在 2.0m 左右，分格设在药库的一侧或两侧，设在两侧时中间要有通道。药库地坪有 1‰～3‰ 的坡度，中间设地沟，地坪用水冲后沿地沟流至污水井。

3.3.2.2　加药间运行管理

1．基本要求

加药是水厂各工种中劳动强度较大和环境较差的岗位，应加强卫生安全和劳动保护，设必要的劳动保护用具和良好的通风操作环境。配置药剂要穿戴工作服、胶皮手套等劳保用品，确保安全生产和工作人员的身体健康。凡与混凝剂接触的池内壁、管道和地坪都应根据混凝剂性质采取相应的防腐措施。

配药、投药操作间是水厂难搞卫生的场所，它的卫生面貌代表水厂的运行管理水平，应健全并严格执行各项管理规章制度，严防药剂跑、冒、滴、漏，做好环境清洁卫生，发现问题及时处理。

2．运行管理

（1）按规定的浓度配置混凝药液浓度，计量投加。按时测定原水浊度、pH 值、沉淀池出水浊度、按浊度控制加药量，水质变化时，应及时调整加药量。操作人员应每天记录药剂用量、配制浓度和投加药剂运行记录。计量器具每年标定一次。

（2）固体混凝剂加入溶药池后应进行充分搅拌溶解，均匀混合后再放入投药池加清水稀释成规定的浓度（不超过 5%）。药剂配好后继续搅拌 15min，再静置 30min 以上方可使用。

（3）投药前对所用投药设备、管道、阀门、计量装置等进行全面检查，确保正常后方可按规定的顺序打开有关控制阀门；加药后及时观察絮凝池矾花生成情况，未正常前不得离开工作岗位。

（4）运行过程中应做到在水厂出水量变化前调整加药量，在水质变差时增加投药量，防止断药事故。在水质频繁变差的季节，如洪水、台风、暴雨多发时更应加强管理，确保在任何情况下正常运行，安全可靠，经济合理，确保出厂水水质达到国家《生活饮用水卫生标准》（GB 5749—2006）。

3.3.3 混凝剂调制与投加设施的运行管理

1. 运行

（1）净水工艺中选用的净水药剂，与药液和水体有接触的设施、设备所使用的防腐涂料，均须经鉴定对人体无害，即应符合《生活饮用水卫生标准》（GB 5749—2006）的规定。净水剂质量应符合国家现行有关标准的规定，经检验合格后方可使用。

（2）净水剂应经溶解后，配制成标准浓度进行计量加注。计量器具每年定检一次。

（3）固体药剂要充分搅拌溶解，并严格控制药液浓度不超过 5%，药剂配好后应继续搅拌 15min，再静置 30min 以上方可使用。

（4）要及时掌握原水水质变化情况，随时调整药剂加注量。净水药剂投加数量不足或过高，沉淀池出水水质都会不符合标准要求。有条件的水厂，可进行烧杯搅拌试验，以确定最佳投药量；没有条件的水厂，则只能凭经验酌情调整加药量，并积累运行经验。

（5）在配药、投药过程中，严防药液跑、冒、滴、漏，按规章做好保洁工作；出现跑、冒、滴、漏情况，应及时采取有效措施进行处理。

2. 保养与维护

（1）每日检查溶药、贮药设施运行是否正常，贮存、配制、输送设施有无堵塞或滴、漏。

（2）每日检查加注、运转和计量装置是否正常，做好设备养护、清扫场地，保持卫生。

（3）每月检查维修一次配制、输送和加注计量装置。

（4）每年对配制、输送和加注计量装置进行一次全面彻底的检修、做好清刷、修漏、防腐和附属机械设备、阀门等的解体检修，金属制栏杆、平台、管道应按规范要求的色标涂刷油漆。

3.3.4 絮凝设施的运行管理

（1）运行：净水药剂投放与原水快速混合均匀，药剂投加点一定要在净化水流速度最大处。混合絮凝设施净水量的变化不宜超过设计值的 15%。随时注意观测絮凝池的出口絮体情况，应达到水体中絮体与水的分离度大、絮体大而均匀、絮体密度大；当絮凝池出口絮体的形成不理想时，要及时调整加药量与运行技术参数；还要及时排除絮凝池池底淤泥。

（2）保养与维护：做好日常清洁工作，采用机械混合的装置，应每日检查电机、变速箱及搅拌桨的运行状况，加注润滑剂；机械、电气设备应每月检修一次；每年对机械与电气设备、隔板、网格、混合器等进行一次解体检修，更换磨损的部件；金属部件每年油漆保养一次。

3.3.5 平流沉淀池的运行管理

（1）运行：严格控制运行水位在设计允许最高运行水位和其下 0.5m 之间。做好沉淀池的排泥工作，采用排泥行车排泥时，每日累计排混时间不得少于 8h，当出水浊度低于 8NTU 时，可停止排泥；采用穿孔管排泥时，每 4～8h 排泥一次，要保持控制阀的启闭操作运转灵活。沉淀池内藻类大量繁殖时，应采取投氯和其他除藻措施，防止藻类随沉淀池出水进入滤池。沉淀池出水浊度应控制在小于5NTU。

（2）保养与维护：每日检查沉淀池进出水阀门、排泥阀、排泥机械运行状况，加注润滑油；每月检修一次排泥机械、电气设备；每年解体修理一次排泥机械、阀门，更换损坏零部件，对混凝土池底、池壁检查修补一次，金属部件油漆一次；有排泥车的沉淀池，每年清刷一次；没有排泥车的沉淀池每年清刷不应少于两次。

3.3.6　普快滤池的运行管理

1. 运行

（1）滤池新装滤料后，应在含氯量0.3～0.5mg/L的水中浸泡24h，冲洗两次以后方可投入正式过滤。

（2）滤池的运行滤速不得超过设计值。

（3）每1～2h观测一次出水浊度和滤池水位，当滤池出水浊度超过1NTU时，就需要对滤池进行冲洗。

（4）冲洗滤池前，在水位降至距砂层200mm左右时，关闭滤池清水阀；先开启反冲洗管道上的放气阀，待冲洗水管内空气放完后方可进行滤池过滤冲洗。冲洗时，先开启反冲洗阀1/4，待滤池气泡释放完毕后再将反冲洗阀逐渐开至最大。冲洗滤池时，高位水箱不得放空，用泵直接冲洗时，水泵盘根不得漏气。

（5）滤池冲洗强度不应小于$12\sim15L/(s\cdot m^2)$。滤池冲洗时，滤料膨胀率应为30%～50%。

（6）滤池冲洗后，滤料层上必须保留一定水位，严禁滤料层暴露于空气中，一旦发生这种情况，应和滤池初用时一样，缓慢打开反冲洗阀，使水从下缓慢漫浸滤层，排出滤层中的空气。

（7）滤池冲洗结束时，排水浊度应小于10NTU。

2. 保养与维护

（1）每日检查阀门、冲洗设备、管道、电气设备、仪表等的运行状态，保持环境卫生和设备清洁；发现滤层和滤板系统损坏时应及时修理。

（2）每月对阀门、冲洗设备、管道、仪表等维修一次；阀门管道漏水要及时修理；对滤层表面进行平整。

（3）每年对上述设备做一次解体检修，更换损坏零部件；对金属件进行油漆保养。

（4）每5～10年对滤池、机电设备、仪表大修一次，对构筑物进行恢复性修理，翻洗、补充全部滤料；部分或全部更换集水管、滤砖、滤板、滤头和尼龙网等。

3.3.7　虹吸滤池的运行管理

虹吸滤池的运行、保养与维护均可参照普快滤池的有关要求。运行管理工作中还要注意以下几点：

（1）真空系统在虹吸滤池中占重要地位，它控制着每格滤池的运行，如果发生故障就会影响整组滤池的正常运行，为此在运行中必须维护好真空系统中的真空泵（或水射器）、真空管路及真空旋塞等，防止漏气现象发生。

（2）当要减少滤水量时，可破坏进水小虹吸，停用一格或数格滤池。当出水水质较差时，应适当降低滤速。降低滤速可以采取减少进水量方法，即在进水虹吸管出口处装置活动挡板，用挡板调整进水虹吸管出口处间距来控制水量。

（3）冲洗时要有足够的水量。如果有几格滤池停用，则应将停用的滤池先投入运行后再进行冲洗。

（4）寒冷地区要采取防冻措施。

3.3.8　液氯消毒运行管理

1. 液氯消毒注意事项

（1）采用加氯机投加液氯，氯瓶内的液氯不能用尽，因为水倒灌进入钢瓶会引起爆炸。为防止水倒灌情况的发生，加氯间应有校核氯量的磅秤。

（2）在加氯过程中，一般把液氯钢瓶放在磅秤上，由钢瓶重量的变化来推断钢瓶内的氯量。液氯气化需要吸热，外界环境气温较低时，液氯气化的产气量不足，可用 $15\sim25\,^{\circ}\mathrm{C}$ 温水淋洒氯气瓶进行加热。但切忌用火烤，也不能使温度升得太高。

（3）当氯钢瓶因意外事故大量泄漏氯、难以关闭阀门时，必须立即采取应急办法进行处理：小钢瓶可投入水池或河水中，让氯气溶解于水里，但这种方法会杀死水中的生物；另一种方法是把氯气接到碱性溶液中进行中和，每 $100\mathrm{kg}$ 氯约用 $125\mathrm{kg}$ 烧碱（氢氧化钠）或消石灰，或 $300\mathrm{kg}$ 纯碱（碳酸钠）——烧碱溶液用 30% 浓度，消石灰溶液用 10% 浓度，纯碱溶液用 25% 浓度。在处理事故时，必须戴上防毒面具，保证操作者的人身安全。

2. 液氯投加系统运行与维护

（1）运行管理。

1）液氯投加系统应配备必要的压力表、台秤、加注计量仪表。运行人员必须熟悉并掌握加氯系统的各种设备、仪表、器具的性能与技术要求，严格按操作规程进行作业。

2）村镇水厂使用的钢瓶大小要与水厂规模相匹配。液氯钢瓶使用时间以不超过 2 个月为好。

3）使用、储存或已用完的液氯钢瓶不得被日光直晒，氯瓶的阀门在任何情况下不得被水淋，要有避光、防雨设施。

4）使用氯瓶时，瓶上应挂有"正在使用"的醒目标牌，当液氯钢瓶内的液氯剩余量为原装液氯重量的 1% 时，即应调换满装液氯钢瓶，以防水倒灌进入空氯瓶引起爆炸。

5）根据出水量变化和用户对出厂水氯味的反馈，在保证符合国家生活饮用水卫生标准前提下，适当调整加氯量。

（2）日常检查与保养。

1）每天检查氯瓶针型阀是否泄氯（涂上氨水，如有泄氯，会冒出呛人的 $\mathrm{NH_4Cl}$ 白烟），发现异常及时处理。

2）每天检查台秤是否准确，保持干净。

3）每天检查加氯机工作是否正常，并检查弹簧膜阀、压力水设备、射流泵、压力表、转子流量计等工作状况。

4）每天检查输氯管道、阀门是否漏气并维修。

5）检查加氯间灭火工具及防毒面具放置位置及完好情况，检查碱池内碱液是否有效。

（3）定期维护。

1）每月清洗一次加氯机的转子流量计、射流泵、控制阀、压力表等。

2）2～3个月清通和检修一次输氯管道，每年刷漆一次。

3）每年检查维修一次台秤，并校准。

4）定期更换加氯机易损部件，如弹簧膜阀、安全阀、压力表等。

3.3.9　投加二氧化氯运行管理

1. 投加二氧化氯注意事项

投加浓度必须控制在防爆浓度以下，通常二氧化氯水溶液浓度采用6～8mg/L。空气中二氧化氯含量超过10%，阳光直射，加热至60℃以上均有爆炸的危险，因此必须设置防爆措施，同时应避免高温、明火在库房内产生。每种药剂应设置单独的房间，在房间内设置监测和报警装置。工作间要通风良好，安装传感器、报警装置；药液储藏室的门外应设置防护用具；不允许在工作区内从事维修工作。应选用安全性能好、能自动控制进料、具有自动/手动控制投加浓度、浓度上下限可人为设定、药液用完自动停泵报警的发生器。

2. 二氧化氯消毒设施运行与维护

（1）运行过程中要经常监测药剂溶液的浓度，现场要有测试设备。在进出水管线上设置流量监测仪，控制进出水流量，避免制成的二氧化氯溶液与空气接触，防止在空气中达到爆炸浓度；应严格按工艺要求操作，不能片面加快进料，盲目提高温度。

（2）严格控制二氧化氯投加量，当出水中氯酸盐或亚氯酸盐含量超过0.7mg/L，应采取适当措施，降低二氧化氯的投加量。

（3）每天检查发生器系统部件、管道接口有无渗漏现象；定期停止运转，仔细检查系统中各部件；每年对管道、附件进行一次恢复性修理。

3.4　水泵泵房与调节构筑物的运行管理

3.4.1　水泵的运行

3.4.1.1　水泵运行前检查

机组启动前必须做好全面的检查工作，以确保运行的安全。检查的内容主要有：

（1）进出水流道的检查。在进水口检修闸门关闭的情况下，进水池及拦污栅周围应无杂物，便于闸门的启闭；闸门的起吊设备应处于完好状态；闸阀设备等应安全可靠。

（2）盘车检查。用手转动联轴器，手感是否灵活均匀，有无受阻和异常声音，发现问题及时解决。

（3）轴承检查。检查轴承中润滑油是否清洁、油位是否符合标准线。

（4）填料函检查。填料函压盖松紧程度是否合适，水封管路有无堵塞。

（5）仪表检查。电压表是否指示在正常电压范围内，电流表、真空表、压力表等是否正常。

（6）辅助设备系统检查。检查辅助设备系统的漏水、漏电、漏气情况。

（7）其他外部条件检查。供配电设备、电动机是否完好，水位、真空吸水条件是否成熟。对于新安装的机组、长期停用的机组或检修后首次启动的机组，启动前，应检查各处螺栓是否拧紧；电机与水泵转向是否一致；管线与零部件是否漏气；其他零部件是否达到了机组安装的质量要求。

经过上述检查，各方面均属正常时，才可启动机组。

3.4.1.2　水泵运行中的维护

1. 机组启动

机组启动步骤如下：

（1）灌水或抽真空引水。离心泵在充水前应将出水管上的闸阀关闭。对于进水管直径小于或等于300mm的水泵，可采用人工灌水启动，亦可采用真空泵抽真空引水；进水管直径大于300mm的，宜采用真空泵抽真空引水。无论是采用人工灌水还是采用抽真空引水，都应先打开泵壳顶上阀门，然后进行引水，发现水泵顶端水标管已显示有水，则表示水泵和进水管已充满水，关闭阀门，停止真空泵工作，此时可以启动水泵。

（2）机组启动。充水完成后，关上排气阀，先开补偿器，合上电源，机组启动，打开压力表，压力表显示适当的压力后，打开真空表，观察压力表、真空表、电流表是否正常，若无异常情况，逐渐打开出水管阀门直至进入正常运行状态。

深井泵的启动比较容易，准备工作完成后，只要加水润滑上橡胶轴承，即可启动，至动力机达到额定转速后，停止加水，此时可用水泵抽上来的压力水进行润滑。

启动前要注意现场人员不要距电机、水泵太近，启动按钮开关后，要注意真空表和压力表的读数。

水泵启动后，压力表读数开始上升，当水压达到零流量的封闭扬程时，可徐徐启动出水闸门。

（3）启动后的检查。机组启动后，要注意压力表读数是否达到正常值，还要注意电流表读数是否上升到正常值；应对水泵填料函、轴承、各类仪表、电气设备等作一次检查，发现问题应及时进行处理；若一切正常，则机组启动过程结束。

2. 运行中检查

机组在正常运行过程中，工作人员应经常巡回观察机组运行情况，发现异常情况及时处理。水泵运行中需要着重检查的内容有：

（1）查看仪表。机组是否正常工作可通过仪表反映出来，每台机组都有自己的正常工作参数值。监视仪表读数，如发现异常，仔细分析原因，采取措施加以排除。

（2）音响和振动。机组投入运行后，应监视其运行是否平稳，声音是否正常，以判断机组的运行状况。如发现有异常杂音或不正常的振动、慢转等现象，应立即关闸停机检查，找出问题，避免发展为重大事故，修理完后才能开机。

（3）注意温升。水泵、电动机的轴承温度不宜过高，一般滑动轴承不得超过70℃，滚动轴承不得超过90℃。通常采用的方法是凭经验用手摸，若烫手，说明温度过高。轴承温度过高，将导致润滑油质分解，摩擦面油膜被破坏，润滑失败，致使轴承温度更趋升高，严重时会造成泵轴咬死，甚至发生断轴事故。

（4）观察滴水。填料函不能过紧也不能过松，要保证在正常运行状态。正常漏水程度为每分钟10～60滴。滴水过多，说明填料磨损或填料压盖过松，可将填料再旋紧一些。滴水过少，说明填料压盖过紧，应放松压盖。

（5）保持水位。运行中要经常检查吸水井水位，如吸水管附近水面有旋涡，说明需要抬高水位。

3. 水泵停机

根据水泵的类型不同，其停机时的操作也有所差异。

（1）离心泵在停车时，先慢慢关闭出水管上的闸阀，然后切断电源，停止电动机转动；停泵后，将真空表、压力表及冷却水管阀门关闭；做好泵体清洁卫生和保养工作。

（2）若为多台机组，应逐台停车。

（3）深井泵停车后不能立即再次启动，以防产生水流冲击，一般间隔 5min 以后再启动。对于长期停止运行的深井泵，最好每隔几天运行一次，以防零部件的锈死。

（4）冬季长时间停车时，应将泵体下部螺丝打开，放空水泵内的剩余水，以防止水泵冻裂。

3.4.2 水泵的故障与排除

1. 水泵的故障与排除方法

水泵在运行中由于选型与安装不合理、操作维护不当等可能会发生故障，若不及时排除，将会导致零件损坏，影响正常工作。水泵的故障现象很多，产生的原因也各不相同，只要根据现象找出故障产生的原因，提前预防和采用有针对性的排除方法及时排除，就能使机组继续正常运转。水泵可能发生的故障、产生原因及排除方法见表 3.4.1～表 3.4.3。

表 3.4.1　　　　　　　　　　离心泵常见故障、原因及排除方法

故障现象	产 生 原 因	排 除 方 法
启动后水泵不出水或出水量少	1. 启动前充水不足或真空泵未将泵内空气抽净。	1. 继续充水或抽气。
	2. 水泵扬程小于装置总扬程。	2. 改变安装位置，改进管路降低总扬程，更换扬程更高的水泵。
	3. 出水管及填料漏气。	3. 检查进水管路，堵塞漏气处，压紧或更换新填料。
	4. 水泵转速太低（低于额定转速）。	4. 检查配套动力设备的转速和传动比是否正确，电压是否太低，皮带是否松，提高水泵转速。
	5. 水泵转向不对。	5. 调整转向。
	6. 进水口及流道被杂物堵塞。	6. 清除杂物，进水口加拦污栅。
	7. 底阀堵塞或漏水。	7. 清除杂物，修理底阀。
	8. 叶轮口环磨损过大，叶轮严重损坏。	8. 修理或更换口环或叶轮。
	9. 水泵吸程太高。	9. 降低水泵安装高度，减小进水管吸水损失扬程。
	10. 吸水管内或泵内上部存有空气。	10. 改进吸水管的安装，消去隆起部分，放净空气。
	11. 底阀不能开启或开启过小。	11. 修理或更换底阀。
	12. 叶轮螺母及键损坏。	12. 检查泵的叶轮键槽和键进行修理或更换。
	13. 多级泵平衡盘和平衡环磨损过多	13. 修理或更换平衡盘和平衡环

续表

故障现象	产 生 原 因	排 除 方 法
水泵开启不动或功率过大	1. 填料压得太紧。 2. 联轴器间隙太小，运转时两轴相顶。 3. 电压太低。 4. 转速过高。 5. 泵内有杂物。 6. 平衡孔堵死，多级泵中回水管堵死。 7. 流量和扬程超过使用范围。 8. 泵轴弯曲，轴承磨损或损坏。 9. 叶轮螺母松脱，使叶轮前盖板、口环与泵体相磨。 10. 配套功率太小	1. 松压盖。 2. 调整间隙。 3. 检查电路，提高电压。 4. 调整和降低转速。 5. 清除杂物。 6. 清除堵住平衡孔的杂物，疏通回水管。 7. 调节流量和扬程，关小出口闸阀，降低轴功率。 8. 矫直修理泵轴，更换轴承。 9. 拧紧叶轮螺母和轴承压盖。 10. 加大动力机配套功率
水泵停机过程中突然破损	水锤作用，压力急剧升高	进行水锤验算，增加水锤防护设施，更换或修补水泵
水泵振动和噪声大	1. 地脚螺栓松动。 2. 联轴器不同心或轴有弯曲。 3. 出水管存留空气。 4. 轴承损坏或磨损过大。 5. 进水池有旋涡，将空气吸入泵内。 6. 叶轮平衡性差。 7. 联轴器或皮带轮螺母松动。 8. 发生严重气蚀，叶轮局部蚀坏。 9. 泵内有杂物。 10. 水泵进口真空度超过允许吸上真空高度	1. 拧紧地脚螺栓。 2. 调整同心度，矫直或更换泵轴。 3. 将存留空气处加排气阀放气。 4. 更换或修理轴承。 5. 增加淹没深度。 6. 进行静平衡试验、调整。 7. 拧紧。 8. 修补或更换叶轮。 9. 清除杂物。 10. 降低水泵的几何安装高度，减小吸水损失扬程
填料函过热或漏水太多	1. 填料压得太紧。 2. 填料环位置不准。 3. 多级泵串水管堵塞。 4. 填料函与轴不同心。 5. 填料磨损过多或轴套磨损。 6. 填料质量太差。 7. 轴承磨损大	1. 放松压盖，调节到有滴水漏出。 2. 调整填料环位置。 3. 疏通串水管。 4. 调整同心。 5. 更换填料或轴套。 6. 更换填料。 7. 调换轴承
轴承发热	1. 轴承弯曲或联轴器不同心。 2. 轴承安装不当。 3. 轴承缺油和油环不转。 4. 油质差，不干净。 5. 轴承损坏。 6. 轴承间隙太小或配合不当。 7. 多级泵平衡轴向力装置失去作用。 8. 皮带传动太紧。 9. 叶轮平衡孔堵塞，使泵的轴向力不平衡	1. 校正轴承，找正联轴器。 2. 正确安装。 3. 调整加油量。 4. 更换合格的新油。 5. 更换轴承。 6. 调整间隙或配合。 7. 检查回水管是否堵塞，平衡装置是否损坏。 8. 放松皮带。 9. 清除平衡孔上堵塞的杂物

表 3.4.2　　　　　　　　　　　　井泵常见故障、原因及排除方法

故障现象	产 生 原 因	排 除 方 法
启动后不上水或流量突然减小	1. 输水管断裂或连接螺纹脱扣。 2. 传动轴断折。 3. 叶轮松脱。 4. 转速太低，达不到规定值。 5. 叶轮磨损或输水管连接不紧。 6. 流道被堵塞。 7. 井水位下降过多或水井淤积	1. 吊起整机逐节拆卸至断崩处，然后处理。 2. 提泵修理或更换传动轴。 3. 提泵，将锁紧螺母拧紧。 4. 增加转速。 5. 正确调节叶轮间隙。 6. 测定井水位和水深，校核出水量，更换水泵，若淤积则应吸沙或洗井。 7. 提泵，清除井内、泵内杂物
填料函发热或漏水过多	1. 填料盖压得太紧。 2. 填料盖压得不紧。 3. 填料磨损或变质	1. 调节放松压盖，保持有少量水滴出。 2. 调整压盖，使其居中、压紧。 3. 更换新填料
开启困难或不能启动	1. 电压偏低或一相短路。 2. 启动前未灌预润水，橡胶轴承摩擦发热。 3. 橡胶轴承过紧或传动轴弯曲。 4. 叶轮轴向间隙没有调节。 5. 泵内有杂物卡住叶轮。 6. 泵体和轴承中沉沙。 7. 电动机滚珠轴承损坏	1. 改善电压质量，检查接通电路。 2. 加足预润水或加注肥皂水。 3. 处理橡胶轴承，校直传动轴。 4. 调整叶轮间隙，把叶轮提起。 5. 提泵清理杂物。 6. 从泵座出水口处或预润管向内灌水，边冲洗边转动轴。 7. 适当关闭出水闸阀，调节流量
振动异常	1. 启动时未灌预润水或灌水不足。 2. 叶轮和外壳摩擦。 3. 传动轴弯曲或不同心。 4. 橡胶轴承严重磨损或脱落。 5. 电动机转子或风扇重量不平衡。 6. 皮带传动装置安装不正确。 7. 发生气蚀或吸入空气	1. 加灌预润水，重新启动。 2. 停机调整间隙。 3. 提轴校直，重新安装并校正同心度。 4. 校轴，整修支梁或更换橡胶轴承。 5. 拆下做静平衡试验，进行车削调整。 6. 重新调整传动皮带。 7. 检查原因并处理
动力机运行功率增大	1. 水中含沙量大。 2. 电动机轴承损坏。 3. 输水管倒扣下落（或法兰盘连接螺丝松动）	1. 停机后调大轴向间隙，从泵座出水口处或预润管向内灌水，冲洗泵内沉积泥沙。 2. 停机更换新轴承。 3. 吊起整机，逐节拆卸至倒扣的输水管，上紧即可
电动机（或传动装置）及其轴承过热	1. 润滑油不合格或不足量。 2. 井泵扬程偏低。 3. 上传动轴安装不好或弯曲	1. 改换合格的润滑油，使油量适中。 2. 更换低扬程泵。 3. 校直传动轴，重新安装校正

表 3.4.3 潜水泵常见故障、原因及排除方法

故障现象	产 生 原 因	排 除 方 法
启动后不出水或出水量少	1. 输水管漏水。 2. 扬程太高。 3. 动力水位下降至泵进水口附近。 4. 叶轮口环或叶轮严重磨损。 5. 叶轮反转。 6. 滤水网、叶轮、管路被杂物堵塞	1. 连接好输水管。 2. 更换高扬程泵。 3. 关小闸阀，减小出水量或更换水泵。 4. 更换口环和叶轮。 5. 停机，将任意两相电路换接。 6. 提泵检查，清除杂物
水泵不能启动	1. 电缆线、开关接线一相短路。 2. 叶轮被杂物卡住或导轴承和轴咬合抱死。 3. 电压过低，启动力矩不足。 4. 电动机电路不通或定子烧坏	1. 断电检查并处理，接通电路。 2. 提泵检查，消除杂物。 3. 更换电缆线，调整电源电压。 4. 拆开定子绕组，重新绕制
电泵出水突然中断，电动机停转	1. 电机长期超载运行，绕组绝缘老化面被烧坏。 2. 电缆破损或接头不严，水浇入绕组烧坏电机。 3. 电动机绕组受潮，绝缘电阻下降，造成短路、断路、碰壳而被烧坏。 4. 开停电动机过于频繁，由于启动电流大，使电动机过热而烧坏。 5. 潜水泵脱水运行时间超过规定值，烧坏电机	1. 避免超载运行，拆修已坏电机，重新绕制绕组 2. 更换电机，更换电缆。 3. 拆修。 4. 开停机间隔一段时间，拆修电动机。 5. 运行时，潜水泵应随井水位下降而下降，拆修电机
声音不正常或振动	1. 推力轴承磨损，叶轮下盖板与导流壳发生摩擦。 2. 电动机和泵内导轴承磨损或由于轴弯曲引起偏摩。 3. 轴头叶轮压紧螺母松动。 4. 叶轮淹没深度不够，吸入空气。 5. 电动机转子和叶轮本身重量不平衡	1. 更换推力轴承，更换叶轮。 2. 更换导轴承。 3. 停机后拧紧螺母。 4. 将电泵下放至水中淹没达到一定深度。 5. 拆出进行静、动平衡试验后进行处理

2. 排除水泵故障时应注意的问题

（1）详细了解故障发生前的情况，并进行系统地检查，以便分析、判断故障的原因。

（2）水泵发生一般故障，尽可能不要立即停机，以便在运行中观察故障情况，正确分析故障原因。

（3）先不急于拆卸水泵，应先用听声音、听振动、看仪表等外部检查法来判断，弄清事故的原因、位置，然后决定是否需要拆卸水泵进行检修或修理。

（4）水泵产生故障的原因很多，情况也比较复杂，涉及的范围较广，必须针对具体情况作具体分析，先检查经常发生及容易判断的情况，再检查较为复杂的情况。

（5）进行不停机检查时，一定要注意安全，只容许进行外部检查，而且不能触及旋转部件。

（6）突发严重故障时，应立即停机，以防止事故扩大，并采取相应的措施保证人身安全与设备安全，避免事故发生。

3.4.3　水泵的保养与维护

做好水泵的维修与养护工作是运行管理中的一个重要环节，是安全、可靠运行的关键。通过对水泵的日常维护，可以及时发现水泵的事故隐患并加以排除，恢复其正常工作性能，延长使用寿命。水泵的维护包括日常保养、定期保养、小修和大修。日常保养主要指水泵部件及管道的养护与防腐保洁；定期保养是指每隔一段时间由操作人员进行的一次全面养护；小修是每年进行一次的检查维修，工程上通常称为岁修；大修是指每隔几年对水泵解体进行仔细清洗检查的全面检修。由于各地机组情况、运行条件和正常维护检修的水平各异，大修周期可根据实际情况确定。有关水泵保养与检修的情况见表 3.4.4。

表 3.4.4　　　　　　　　　　　　水 泵 保 养 与 检 修

级别	保养检修内容	周期	完成人员
日常保养 （一级保养）	1. 保持水泵清洁。 2. 观察水泵的运行，有无杂音或振动，保持正常运转。 3. 检查各部位螺丝的松动情况、填料函松紧情况、轴承油质和油量，保持各部件正常。 4. 填写水泵运行记录	每天进行	操作人员
定期保养 （二级保养）	1. 完成日常保养的全部内容。 2. 压力表、真空表及其导管的清扫，保持各种表计的指示准确。 3. 保持水封管正常冷却和密封	运行 720h 进行一次	操作人员
小修 （岁修）	1. 完成定期保养的全部内容。 2. 打开泵盖，取出转动部件。 3. 轴承盖解体、清扫、换油、重新调整间隙。 4. 对各种零部件进行肉眼检查和尺寸测量，并记录设备检修档案。 5. 修理在运行中发生的各种缺陷，更换零部件，紧固全部螺丝。 6. 仔细调整联轴器同心度。 7. 确定是否提前或推迟大修	运行 2000h 进行一次	检修人员
大修	1. 对水泵进行解体，拆卸所有零件，仔细检查并清洗。 2. 更换所有带有缺陷和损坏的零件。 3. 测量并调整泵体间隙和同心度	运行 5000～ 12000h 进行一次	检修人员

在进行水泵检修过程中应注意以下事项：

（1）水泵的拆卸与装配应严格按照拆装顺序进行，易于混淆的零部件应做好标志，以避免装错。

（2）在水泵的拆卸和装配过程中，应注意合理地使用工具，禁止使用大锤直接敲打部件，必须使用时，应垫木块操作。

（3）螺帽锈死时，应先浇上煤油或喷上松锈剂，待渗入螺纹后再拧松，以免拧断螺栓或拧滑螺帽而造成拆卸的麻烦。螺帽拆下后应带在螺栓上一起保存，最好放入煤油中浸泡。

（4）检修过程中一定要提高安全意识，注意人身和设备的安全，特别是起吊工作更应注意进行仔细检查，以免发生事故。

值得注意的是，机组的大修还包括检修安装后的试车和验收。试车前应进行全面检查，经检验合格后，先进行空转试验，然后进行带负荷试验。水泵在设计负荷下运转不少于2h。机组经过带负荷试车合格后，即可办理验收手续。

3.4.4 一体化设备的运行管理

操作时务必注意净水器产品说明书中规定的正常工作压力或安全运行的额定压力，运行中控制在要求范围内。其他操作也应按说明书要求进行。

净水器运行中定时检查水质，由专人操作管理，并建立必要的规章制度，确保正常运行。

净水器一般一年要停机保养一次，3～5年进行大修一次。

第4章 广西农村供水工程运行管理案例介绍

4.1 案例1—分散式农村供水工程

4.1.1 隆林县德峨镇新建家庭水柜利用屋檐作为集雨场蓄水（图4.1.1）

图4.1.1 屋檐作为集雨场蓄水

4.1.1.1 雨水集蓄工程定义

雨水集蓄工程是指对降雨进行收集、汇流、存储和进行生活饮用或节水灌溉的一套系统。

4.1.1.2 雨水集蓄工程系统组成

雨水集蓄工程系统一般由集雨系统、输水系统、蓄水系统和灌溉系统组成。在农村人饮工程中，可利用集蓄雨水作为饮用水水源。

1. 集雨系统

集雨系统主要是指收集雨水的集雨场地。首先应考虑具有一定产流面积的地方作为集雨场，没有天然条件的地方，则需人工修建集雨场。为了提高集流效率，减少渗漏损失，要用不透水物质或防渗材料对集雨场表面进行防渗处理。

本案例是利用住宅屋面雨水汇流到屋檐雨水槽，由雨水槽收集雨水。

2. 输水系统

输水系统是指输水沟（渠）和截流沟。其作用是将集雨场上的来水汇集起来，引入沉沙池，而后流入蓄水系统。要根据各地的地形条件、防渗材料的种类以及经济条件等，因地制宜地进行规划布置。

本案例是利用屋檐雨水收集槽收集雨水后，经由硬聚氯乙烯塑料管将雨水输送到蓄水池。

3. 蓄水系统

蓄水系统包括蓄水体及其附属设施。其作用是存储雨水。

（1）蓄水体。各地群众在实践中创造出不同的存储形式，广西一带，主要是建蓄水池。用于生活用水和用于农业灌溉的形式基本一样。一般用于生活和庭院灌溉的采用手压泵。

蓄水池使用的建筑材料可分为片石、砖砌、钢筋混凝土等。各地应根据地形地貌特性、经济条件、施工技术和当地材料来选型。

本案例为浆砌石圆形蓄水池。

（2）主要附属设施。

1）沉沙池。其作用是沉淀进入水池水流中的泥沙。一般建于水池的进口处2～3m远的地方，以防渗水造成池壁坍塌，池深0.6～1.0m，长宽比可考虑2：1，具体尺寸由进池水量和水中含沙量而定。

2）拦污栅与进水管（渠）。拦污栅的作用是拦截水流中的杂物，如树叶、杂草等漂浮物和砖石块等，设在沉沙池的进口。进水管（渠）的作用是将沉沙池与蓄水池连通，使沉积后的水流顺利流入池中，其过水断面应根据最大进流量来确定。

3）消力设施。为了减轻进池水流对池底的冲刷，要在进水管（渠）的下方池底上设置消力设施，根据进池流量的大小，选用消力池或消力筐或设石板（混凝土板块）。

4.1.2 隆或镇新建家庭浆砌石水柜建设中（图4.1.2）

图4.1.2 浆砌石水柜

4.1.3 隆林县德峨镇边坡寨家庭水柜组（图4.1.3）

4.1.4 地头水柜（无盖板）（图4.1.4）

图4.1.3 家庭水柜组　　　　　　　　图4.1.4 地头水柜（灌溉用无盖板）

4.2 案例 2—集中式农村供水工程

4.2.1 柳江县北弓水厂饮水安全工程

4.2.1.1 水源地

北弓水厂位于柳江县成团镇北弓村境内,水源取自北弓水库(图 4.2.1),该水库是一座以灌溉为主,结合供水、发电、旅游的综合性中型水库,总库容 1214 万 m^3,有效库容 1040 万 m^3,水库水质清澈,适合作为生活饮用水水源,该水库还列入柳州市城镇生活饮用水安全保障规划应急备用水源。

4.2.1.2 主要建设内容

"十一五"以来,根据柳江县农村饮水工程规划布局:以规模化建设为趋势,以集中供水为重点,以乡镇供水为核心,利用乡镇供水的平台,在半径 10km 范围内的村屯只要地理条件允许的,尽可能地利用管网延伸解决乡镇周边村屯存在的饮水不安全问题的工作思路。充分利用北弓水厂全程均为自压式供水、运行成本低的特点建设北弓水厂饮水工程。该工程预算总投资 750.97 万元,主要建设内容有:

(1)厂区,占地面积 $3800m^2$,如图 4.2.2 所示。

图 4.2.1 北弓水库   图 4.2.2 厂区

(2)处理水量为 $500m^3/h$ 的一体化净化设备(图 4.2.3)、消毒设备、投药沉淀设备各 1 套。

(3)清水蓄水池 $4000m^3$ 1 座(图 4.2.4)。

(4)DN400 主管安装 7100m。

(5)GPRS 无线监测安全饮水计算机管理系统。

4.2.1.3 建设管理

整个工程的建设过程严格按照"建设标准化、发展规模化、运作市场化、经营公司化、管理专业化"的思路来进行认真地实施和操作。项目建成后统一由柳江县新源自来水有限责任公司管理。

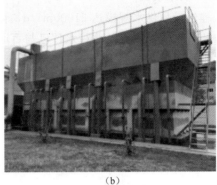

（a）   （b）

图 4.2.3 一体化净化设备

（a）侧面；（b）后面

（a）   （b）

图 4.2.4 清水蓄水池

1. 项目建设资金及主要内容

北弓至成团、百朋饮水工程是 2009 年第三批中央国债饮水项目，预算总投资 750.97 万元，其中国债资金 396 万元，地主配套 354.97 万元。

主要建设内容有：①厂区占地面积 3800m²；②处理水量 500m³/h 的净水器、消毒设备、投药沉淀设备各 1 套；③清水蓄水池 4000m³1 座；④DN400PE 主管安装 7100m。

2. 工程项目特点

（1）水源充足，水质良好。

（2）供水规模大，主管路线长，当前共覆盖成团、百朋、进德、拉堡 4 个乡镇，已解决饮水安全共 5 万人。

（3）水源（池）地势高，全程供水采用无动力自压式供水模式，降低运行成本。

（4）工程前景好，供水区域既供人畜生活用水，又供企业生产用水和农业灌溉用水，实行不同水价，根据县物价局批复：供水价格分别为生活用水 1.4 元/t、生产用水 1.5 元/t、特种行业用水 1.6 元/t，实行计量收费。

4.2.1.4　供水模式

工程建设后供水规模达 $21000m^3/d$，可解决 10 万人的生活饮用水、部分工业用水和高效农业节水灌溉用水。北弓水厂已与百朋水厂及进德水厂主水管联网，形成以北弓水厂自压式供水为主，百朋水厂及进德水厂变频加压为辅的闭环式供水模式，进行相互调节供水。

4.2.2　龙州农村饮水安全工程

2014 年元旦前夕，广西龙州县上降乡鸭水中心小学集中式供水工程（图 4.2.5）竣工，看着过滤池、高位清水池、一体化净水设备及消毒剂投加器等一应俱全，水龙头一拧开，卫生干净的水就哗哗地流出来，170 多名师生别提有多高兴了。

图 4.2.5　上降乡鸭水村鸭水小学人饮工程

4.2.2.1　建设总体情况

（1）2011 年以来，上级已累计下达龙州县农村饮水安全工程项目共计 150 处，下达总投资 3035.13 万元，解决农村饮水不安全人口 57129 人。

（2）抓好农村饮水安全工程建设，让更多的农村群众喝上安全卫生的水，一直是龙州县党委、政府大力实施的"惠民工程"之一。

（3）2013 年，广西壮族自治区下达龙州县农村饮水安全工程项目 29 个，总投资636.80 万元，计划解决饮水不安全人口共计 11764 人。目前，项目资金到位率、完成投资金额和竣工率均达 100％。供水设施如图 4.2.6～图 4.2.8 所示。

图 4.2.6　消毒设施

图 4.2.7　气压罐、水塔

图 4.2.8　通水

4.2.2.2　建设实施

（1）供水模式选择。在农村饮水安全工程建设项目实施过程中，龙州县充分考虑建设点的地域特点、人口分布、水源、水质等情况，因地制宜选择合适的供水模式，为农村群众"有水喝，喝好水"夯实了基础。

（2）建设管理。该县采取"项目法人制、招投标制、建设监理制、集中采购制、资金报账制、竣工验收制"的六项制度和群众全过程参与的模式，工程建设层层落实领导责任制、技术责任制和工程质量终身制，确保农村饮水安全工程项目建设的进度和质量。

4.2.2.3　建后管理

加强对乡村水利技术人员的技术培训，提高农村饮水安全工程维护和管理管网的技术能力，确保农村饮水安全工程建得成、管得好、用得起、长受益。

1. 项目建后运行管理情况

为使农村饮水安全工程走向可持续发展道路，使这项民生工程建得成、用得起、管得好、长受益。龙州县农村饮水安全项目竣工通过验收后，通过签订项目运行管理规则和固定资产移交签证手续，将项目交付给项目所在村屯、农场、学校进行管理，指导项目所在村屯成立农村用水协会。用水协会由受益村屯通过民主大会推选，一般选举3～5人组成，用水协会与用水户签订供用水合同，发放用水手册，推广和使用节水技术、产品和设备等措施加强用水管理，确保工程长期发挥效益。用水协会负责教育好群众自觉爱护工程设施，对工程设施进行巡察和定期保养，负责对工程设施的安全保护工作，对人为破坏工程设施的要及时向当地派出所报案。用水协会安排1～3人专职负责工程管理，负责正常抽水，机电泵及输配水管道维护，收缴水费、维护费以及向供电部门交纳电费等。目前，龙州县农村饮水安全工程供水指导价为0.8元/m³，具体由受益村屯用水户协会根据工程运行成本综合考虑制定。

2. 项目维修经费情况

龙州县属于老少边山穷地区，是国家扶持开发工作重点县，财政收入少，可用资金不多，在农村饮水安全项目建设中地方配套资金方面压力较大。且项目上级配套资金只用于项目建设，并没有维修资金。目前，龙州县饮水安全工程建后运行管理中，除了设有专管机构的乡镇水厂从水费中计提维修资金用于供水设备维修外，其他小的集中供水工程均没有设立维修资金。在项目维修问题上，对于小问题由受益群众自筹资金或通过村屯一事一议的办法筹集资金解决，大问题所需维修资金数目较大，受益村屯无法自行解决的，只能通过请示县财政拨款给予维修。

龙州县农村饮水安全工程除乡镇水厂外，基本上都是单村建设的工程，联村集中供水工程很少，项目建后基本上是移交给受益村屯用水户协会负责管理。由于人饮工程的特殊性，项目运行并没有经营性质，村屯用水户协会在水费收缴问题上基本上只收取最基本的成本，即电费成本和管理人员基本补助。有的项目是引水式，靠重力供水，不需要用电，这类项目目前基本上都没有收水费。

4.2.2.4　龙州县农村饮水安全工程管理制度

（1）人饮工程由农村用水协会管理，用水协会由村民大会推选3～5人组成，与用水户签订供用水合同，并发放用水手册。

（2）机房必须由有一定电工知识面、熟悉抽水设备的专门人员管理，其他人不得擅自进入房内。

（3）抽水时管理人员必须在机房及水源看守，不让外人靠近水源及机房，以免造成意

（4）输配水管道要经常检查，发现漏水要及时维修。

（5）抽水设备发生故障时要及时处理，不能自行解决的主要设备，要及时向相关技术维修部门或厂家报告，寻求帮助。新设备有故障时要及时报告，厂家一年内包免费维修。属运行管理不当、人为造成人员伤亡或机电泵毁坏的后果自负。

（6）工程管理要求安排 1～3 人专职负责，加强安全生产，负责正常抽水、机电泵及输配水管道维护，收缴水费、维护费以及向供电部门交纳电费等。

（7）用水协会要教育好群众自觉爱护人饮工程，要经常对人饮工程进行巡察，一旦发现人为破坏行为要及时向当地派出所报告。

4.2.2.5　龙州县农村饮水安全工程操作规程

（1）在启动电机前，首先观察一下启动柜电压是否在电机允许范围内（即 361～399V），如果电压在允许范围内，方能启动电机。若线路缺相、或保险丝烧毁三相电流不平衡，或者电压不在允许范围内不能启动电机。

（2）启动柜绿色按钮为启动按钮，红色按钮为关机按钮。

（3）启动电机后，要注意观察电流、电压是否符合规定范围内，运转声音有无异常及震动发生，若不正常应及时停机处理解决。

（4）抽水电机电源必须由启动柜引出，不能直接接到开关闸上以免造成电机损坏。

（5）每次抽水，必须同时启动消毒设备，保证达标供水。净化消毒设备要按说明书使用，有疑问的要及时与厂家联系。

（6）为了使农村饮水安全工程能够良性运行，长期发挥效益，必须制定出合理的水价，按照不以营利为目的的农村自给供水原则，水价以成本费（电费、消毒费）、管理人员补助费、工程维修费（积累）组成，龙州县农村供水指导价拟定为 0.8 元/m³（试行）。

参 考 文 献

［1］ GB 5749—2006 生活饮用水卫生标准［S］. 北京：中国标准出版社，2006.

［2］ SL 687—2014 村镇供水工程设计规范［S］. 北京：中国水利水电出版社，2014.

［3］ SL 689—2013 村镇供水工程运行管理规程［S］. 北京：中国水利水电出版社，2013.

［4］ HJ/T 338—2018 饮用水水源保护区划分技术规范［S］. 北京：中国环境科学出版社，2018.

［5］ HJ/T 433—2008 饮用水水源保护区标志技术要求［S］. 北京：中国环境科学出版社，2008.

［6］ SL 219—2013 水环境监测规范［S］. 北京：中国水利水电出版社，2013.

［7］ 张启海，原玉英. 城市与村镇给水工程［M］. 北京：中国水利水电出版社，2005.

［8］ 周志红. 农村饮水安全工程建设与运行维护管理培训教材［M］. 北京：中国水利水电出版社，2010.

［9］ 曹升乐. 农村饮水安全工程建设与管理［M］. 北京：中国水利水电出版社，2007.

［10］ 孙士权. 农村饮水安全工程培训教材：村镇供水工程［M］. 郑州：黄河水利出版社，2008.

［11］ 王正安. 浅论农村人畜饮水供水安全与饮水工程管理［J］. 低碳世界. 2019，（1）：128-129.

［12］ 李勇. 农村安全饮水工程存在的问题与对策［J］. 农村经济与科技. 2018（22）：50-52.

［13］ 余金凤，王桂林. 水泵与水泵站［M］. 郑州：黄河水利出版社，2009.

［14］ 新疆维吾尔自治区水利厅改水防病办公室，新疆水利水电学校. 农村饮水工程管理：农村饮水工程技术与管理人员培训教材［M］. 北京：中国水利水电出版社，2010.

［15］ 谷峡. 水泵与水泵站［M］. 2版. 北京：中国建筑工业出版社，2014.

［16］ 洪觉民. 城镇供水工程［M］. 北京：中国建筑工业出版社，2009.

［17］ 严煦世，范瑾初. 给水工程［M］. 4版. 北京：中国建筑工业出版社，2000.

［18］ 龙腾锐，何强. 给水工程：全国勘察设计注册公用设备工程师给水排水专业执业资格考试教材　第1册［M］. 北京：中国建筑工业出版社，2011.

［19］ 吕宏德. 水处理工程技术［M］. 北京：中国建筑工业出版社，2005.

［20］ 张宝军. 水处理工程技术多媒体素材库［M］. 北京：中国建筑工业出版社，2007.

［21］ 张宝军. 给水排水工程技术［M］. 北京：中国劳动与社会保障出版社，2010.

［22］ 上海市政工程设计院. 给水排水设计手册：第3册　城市给水［M］. 北京：中国建筑工业出版社，2004.

［23］ 上海市政工程设计院. GB 50013—2018 室外给水设计规范［S］. 北京：中国计划出版社，2019.

［24］ 聂梅生. 水工业工程设计手册：水资源及给水处理［M］. 北京：中国建筑工业出版社，2001.

［25］ 中国城镇供水协会. 城市供水行业2010年技术进步发展规划及2020年远景目标［M］. 北京：中国建筑工业出版社，2005.

［26］ 伊学农. 城市给水与自动化控制技术［M］. 北京：化学工业出版社，2008.

［27］ 洪觉民. 城镇供水工程［M］. 北京：中国建筑工业出版社，2009.

［28］ 张朝升. 小城镇给水厂设计与运行管理［M］. 北京：中国建筑工业出版社，2009.